通信电路分析与制作

贾 跃 编 著

北京理工大学出版社
BEIJING INSTITUTE OF TECHNOLOGY PRESS

内 容 简 介

本书共分为 4 个任务。其中，任务 1 介绍 PN 结、二极管、三极管、放大电路级联，完成红外遥控开关接收器的设计与制作；任务 2 介绍集成运算放大器、负反馈、集成运算放大器的线性应用，完成红外遥控开关发射器的设计与制作；任务 3 介绍谐振回路、高频小信号放大器、幅度调制与检波、角度调制与解调、混频器，完成无线对讲机接收器的分析与制作；任务 4 介绍振荡器、高频功率放大器，完成无线对讲机发射器的分析与制作。

全书结构清晰，语言简洁。以红外遥控开关和无线对讲机电路制作过程为框架，对知识和技能进行筛选组合，形成了既具有独立性，彼此间又紧密相连的学习任务，实现了知识与技能的有机结合。

本书可作为高职高专院校现代通信技术、电子信息技术等专业学生的教材，也可作为通信行业中从事产品测试、研发的工程技术人员的培训教材或参考手册。

图书在版编目（C I P）数据

通信电路分析与制作 / 贾跃编著. -- 北京 : 北京理工大学出版社, 2023.9

ISBN 978 - 7 - 5763 - 2878 - 3

Ⅰ. ①通… Ⅱ. ①贾… Ⅲ. ①通信系统 - 电子电路 - 高等职业教育 - 教材 Ⅳ. ①TN91

中国国家版本馆 CIP 数据核字（2023）第 174816 号

责任编辑：陈莉华　　文案编辑：陈莉华
责任校对：刘亚男　　责任印制：施胜娟

出版发行 / 北京理工大学出版社有限责任公司

社　　址 / 北京市丰台区四合庄路 6 号

邮　　编 / 100070

电　　话 / （010）68914026（教材售后服务热线）
　　　　　　　（010）68944437（课件资源服务热线）

网　　址 / http://www.bitpress.com.cn

版 印 次 / 2023 年 9 月第 1 版第 1 次印刷

印　　刷 / 三河市天利华印刷装订有限公司

开　　本 / 787 mm × 1092 mm　1/16

印　　张 / 11.75

字　　数 / 269 千字

定　　价 / 63.00 元

前　言

　　随着通信技术的发展及其应用，通信系统正越来越广泛地影响着人们的日常生活。通信既是人类社会的重要组成部分，又是社会发展和进步的重要因素。广义地说，凡是在发信者和收信者之间，以任何方式进行消息的传递，都可称为通信。实现消息传递所需设备的总和称为通信系统。19世纪末迅速发展起来的以电信号为消息载体的通信方式称为现代通信。现代通信系统由输入换能器、发送设备、信道、接收设备、输出换能器等部分组成，各部分设备的基本组成单元是电子电路。因此，电路技术的发展对于通信技术的演进和通信系统的更新换代有至关重要的作用。

　　通信电路广泛应用于通信系统和各种设备中，是通信系统特别是无线电通信系统的基础。它所研究的对象是非线性电子线路，是无线电通信设备中必不可少的单元电路。无线电通信、广播、雷达、导航等都利用高频无线电波来传递信息。尽管在传递信息形式、工作方式及设备体制等方面有很大不同，但设备中产生、接收、检测信号的基本电路大致相同。

　　高等职业教育的培养目标是培养生产、建设、管理、服务第一线的职业型、应用型和技能型人才。"通信电路分析与制作"是工科通信、电子专业的一门重要的专业基础课程。教学实践中发现，该课程对高职学生来说难度大、内容多、学习困难。为了更加轻松和有效地开展教学，针对高职学生的学习特点，结合国家教学改革要求，校企合作编写了此教材。

　　本书以生活中常见的红外遥控开关、无线对讲机两种典型通信产品为载体，以接收电路和发射电路的分析、制作与调试任务为导向，阐述了半导体元器件、放大电路和级联、集成运算放大器、负反馈放大器、高频小信号放大器、幅度调制与检波电路、角度调制与解调电路、混频器、振荡器、高频功率放大器等的工作原理。在电路制作与调试的过程中，介绍了元器件的识别与选用、电路板的焊接步骤与要求、仪器仪表的校准与使用等操作技能和规范。全书采用任务描述、知识储备、操作实施、结果评价、总结提升的任务驱动形式，对红外遥控开关和无线对讲机的电路原理与制作流程进行了讲解，使读者能够直接、感性地学习通信电路技术，并在典型通信产品制作与调试的过程中应用所学知识，提升操作技能。

　　本书共分为4个任务。其中，任务1介绍PN结、二极管、三极管、放大电路级联，完成红外遥控开关接收器的设计与制作；任务 2 介绍集成运算放大器、负反馈、集成运算放大器的线性应用，完成红外遥控开关发射器的设计与制作；任务 3 介绍谐振回路、高频小信号放大器、幅度调制与检波、角度调制与解调、混频器，完成无线对讲机接收器的分析与制作；任务 4 介绍振荡器、高频功率放大器，完成无线对讲机发射器的分析与制作。

全书结构清晰，语言简洁，以红外遥控开关和无线对讲机电路制作过程为框架，对知识和技能进行筛选组合，形成了既具有独立性，彼此间又紧密相连的学习任务，实现了知识与技能的有机结合。本书可作为高职高专院校现代通信技术、电子信息技术等专业学生的教材，也可作为通信行业中从事产品测试、研发的工程技术人员的培训教材或参考手册。

本书由北京信息职业技术学院贾跃编著，在编写过程中得到了北京理工大学出版社领导和老师的大力支持与精心指导。感谢所有在本书编写过程中给予指导、帮助和鼓励的朋友，正是有了你们的付出，才使本书得以顺利完成。由于时间有限，书中难免存在疏漏与错误，欢迎广大读者批评指正。

编 者

目 录

任务1　红外遥控开关接收器的设计与制作 ·· （1）

1.1　任务描述··· （1）

1.1.1　工作背景 ··· （1）

1.1.2　学习目标 ··· （1）

1.2　知识储备··· （2）

1.2.1　半导体和PN结 ·· （2）

1.2.2　半导体二极管 ··· （8）

1.2.3　半导体三极管 ·· （14）

1.2.4　基本放大电路 ·· （19）

1.2.5　共发射极放大电路及多级放大电路 ·· （25）

1.3　操作实施··· （29）

1.3.1　红外遥控开关接收器的设计 ·· （29）

1.3.2　红外遥控开关接收器的制作 ·· （30）

1.4　结果评价··· （45）

1.5　总结提升··· （46）

1.5.1　测试题目 ·· （46）

1.5.2　习题解析 ·· （48）

任务2　红外遥控开关发射器的设计与制作 ··· （50）

2.1　任务描述 ·· （50）

2.1.1　工作背景 ·· （50）

2.1.2　学习目标 ·· （50）

2.2　知识储备 ·· （51）

2.2.1　集成运算放大器 ·· （51）

1

2.2.2 放大电路中的反馈 ……………………………………………… (57)

2.2.3 集成运算放大器的线性应用 ………………………………… (61)

2.2.4 集成 555 定时器 ……………………………………………… (64)

2.3 操作实施 …………………………………………………………… (69)

2.3.1 红外遥控开关发射器的设计 ………………………………… (69)

2.3.2 红外遥控开关发射器的制作 ………………………………… (70)

2.4 结果评价 …………………………………………………………… (78)

2.5 总结提升 …………………………………………………………… (79)

2.5.1 测试题目 ……………………………………………………… (79)

2.5.2 习题解析 ……………………………………………………… (82)

任务 3 无线对讲机接收器的分析与制作 ……………………………… (85)

3.1 任务描述 …………………………………………………………… (85)

3.1.1 工作背景 ……………………………………………………… (85)

3.1.2 学习目标 ……………………………………………………… (86)

3.2 知识储备 …………………………………………………………… (86)

3.2.1 高频电路中的元器件 ………………………………………… (86)

3.2.2 谐振回路 ……………………………………………………… (88)

3.2.3 高频小信号放大器 …………………………………………… (92)

3.2.4 频谱与频率变换 ……………………………………………… (98)

3.2.5 幅度调制与检波 ……………………………………………… (102)

3.2.6 角度调制与解调 ……………………………………………… (114)

3.2.7 混频器 ………………………………………………………… (116)

3.3 操作实施 …………………………………………………………… (119)

3.3.1 无线对讲机接收器的分析 …………………………………… (119)

3.3.2 无线对讲机接收器的制作 …………………………………… (126)

3.4 结果评价 …………………………………………………………… (129)

3.5 总结提升 …………………………………………………………… (130)

3.5.1 测试题目 ……………………………………………………… (130)

3.5.2 习题解析 ……………………………………………………… (131)

任务 4 无线对讲机发射器的分析与制作 ……………………………… (134)

4.1 任务描述 …………………………………………………………… (134)

4.1.1 工作背景 ……………………………………………………… (134)

4.1.2 学习目标 ……………………………………………………… (134)

4.2 知识储备 …………………………………………………………… (135)

4.2.1 振荡器基础知识 ……………………………………………… (135)

4.2.2　*LC* 正弦波振荡器 …………………………………………………（139）

4.2.3　*RC* 正弦波振荡器 …………………………………………………（142）

4.2.4　高频功率放大器 ……………………………………………………（143）

4.2.5　倍频器和分频器 ……………………………………………………（147）

4.2.6　脉冲信号发生器 ……………………………………………………（149）

4.3　操作实施 ………………………………………………………………（152）

4.3.1　无线对讲机发射器的分析 …………………………………………（152）

4.3.2　无线对讲机发射器的制作 …………………………………………（172）

4.4　结果评价 ………………………………………………………………（175）

4.5　总结提升 ………………………………………………………………（176）

4.5.1　测试题目 ……………………………………………………………（176）

4.5.2　习题解析 ……………………………………………………………（177）

参考文献 ………………………………………………………………………（178）

任务 1

红外遥控开关接收器的设计与制作

1.1　任务描述

1.1.1　工作背景

　　红外遥控是当前使用最为广泛的通信和控制手段之一，由于其结构简单、体积小、功耗低、抗干扰能力强、可靠性高及成本低等优点而广泛应用于家电产品、工业控制和智能仪器系统中。红外遥控电路现在已成为一种设计电路的时尚，改善了传统控制方式，操作简便且无噪声。红外遥控电路可在宾馆、饭店、会议室、办公室和家庭中使用，给伤残人、老人、行动不便或需要安静休养的人带来了极大的方便。现在我们将学习红外遥控开关接收器的知识，并通过设计和制作符合要求的接收器来实现红外信号的接收。

> **注意：**
> 　　完成本任务的过程中，放大电路的选择、元器件参数的确定以及电路工作原理的分析等内容都需要同学们细心、耐心，精益求精、一丝不苟，只有这样才能游刃有余地完成工作，落实岗位职责。
> 　　学习榜样：心细如发、条理清晰、严谨判断，任何一点点小错误都会对结果有重大的影响哦！

1.1.2　学习目标

　　（1）了解电子电路、元器件识别等基础知识。
　　（2）能够阐述基本放大电路的结构和工作原理。
　　（3）能正确分析红外遥控开关接收器的工作原理，了解电路各部分的作用。
　　（4）能绘制红外遥控开关接收器电路、完成电路仿真和 PCB 设计。
　　（5）能熟练使用万用表、示波器等仪器仪表进行电路基本参数的测试。
　　（6）能仔细严谨地完成电路搭建，具备较强的自我管理能力和团队合作意识，拥有较高的分析问题的能力，能以创新的方法解决问题。

1.2　知识储备

红外遥控是指利用红外光波（又称红外线）来传送控制指令的远程控制方式。当按下红外遥控开关发射电路中的按钮后，发射电路产生出调制的脉冲信号，由发光二极管将电信号转换成光信号发射出去。接收电路中的光电二极管将光脉冲信号转换为电信号，经放大、解码后，由驱动电路驱动负载动作。因此，在制作红外遥控开关接收器之前，需要先行了解红外遥控开关接收器的工作原理，以及半导体、二极管、三极管、分立元件等基础知识，以便顺利完成工作任务。

1.2.1　半导体和 PN 结

半导体和 PN 结

（一）　半导体的概念

物质存在的形式多种多样，有固体、液体、气体、等离子体等。我们通常把导电性差的材料，如煤、人工晶体、琥珀、陶瓷等称为绝缘体；而把导电性比较好的金属，如金、银、铜、铁、锡、铝等称为导体。半导体（Semiconductor）是指常温下导电性能介于导体与绝缘体之间的材料。与导体和绝缘体相比，半导体材料的发现是最晚的，直到 20 世纪 30 年代，当材料的提纯技术改进以后，半导体的存在才真正被学术界认可。

（二）　半导体的特性

半导体材料具有三大特性，即掺杂特性、热敏特性、光敏特性。利用这些特性，可以将半导体材料制成各种敏感元器件，如热敏电阻、光敏电阻、压敏电阻和磁敏电阻等，广泛应用于电子技术的各个领域。

1. 掺杂特性

在纯净的半导体中，掺入极微量的杂质元素，就会使它的电阻率发生极大的变化。例如在纯硅中掺入百万分之一的硼元素，其电阻率就会从 214 000 $\Omega \cdot cm$ 一下子减小到 0.4 $\Omega \cdot cm$，也就是硅的导电能力提高了 50 多万倍。人们正是通过在纯净的半导体中掺入某些特定的杂质元素，精确地控制半导体的导电能力，制造成了不同类型的半导体器件。可以毫不夸张地说，几乎所有的半导体器件，都是用掺有特定杂质的半导体材料制成的。

2. 热敏特性

半导体的电阻率随温度变化会发生明显的改变。例如纯锗，温度每升高 10 ℃，它的电阻率就要减小到原来的 1/2。温度的细微变化，能从半导体电阻率的明显变化上反映出来。利用半导体的热敏特性，可以制作感温元件（热敏电阻），用于温度测量和控制系统中。

3. 光敏特性

半导体的电阻率对光的变化十分敏感。有光照时，电阻率很小；无光照时，电阻率很大。例如，常用的硫化镉光敏电阻，在没有光照时，电阻高达几十兆欧姆。受到光照时，电阻一下子降到几十千欧姆，电阻值改变了上千倍。利用半导体的光敏特性，可制作出多种类型的光电器件，如光电二极管、光电三极管及硅光电池等，应用于自动控制和无线电技术中。

（三）本征半导体

通过一定的工艺过程，可以将半导体制成晶体。完全纯净的、结构完整的半导体晶体称为本征半导体。

1. 本征半导体的晶体结构

在硅和锗的晶体中，原子在空间形成规则的晶体点阵，每个原子都处在正四面体的中心，而其他 4 个原子位于四面体的顶点，如图 1-1 所示。

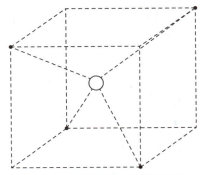

图 1-1　晶体中原子的排列方式

其中每一个原子最外层的价电子不仅受到自身原子核的束缚，同时还受到相邻原子核的吸引。因此，价电子不仅围绕自身的原子核运动，同时也围绕相邻原子核运动。于是两个相邻的原子共用一个价电子，即形成了晶体中的共价键结构，如图 1-2 所示。

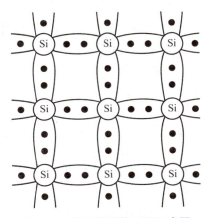

图 1-2　共价键结构平面示意图

2. 本征半导体中的两种载流子

共价键中的两个电子被紧紧束缚在共价键中，称为束缚电子。常温下束缚电子很难脱离共价键成为自由电子，因此本征半导体中的自由电子很少，所以本征半导体的导电能力很弱。在绝对 0 ℃ 和没有外界激发时，价电子完全被共价键束缚着，本征半导体中没有可以运动的带电粒子（即载流子），它的导电能力为零，相当于绝缘体。在常温下，由于热激发，使一些价电子获得足够的能量而脱离共价键的束缚，成为自由电子，同时共价键上留下一个空位，称为空穴，如图 1 - 3 所示。在其他力的作用下，空穴吸引邻近的电子来填补，这样的结果相当于空穴的迁移，而空穴的迁移相当于正电荷的移动，因此可以认为空穴是载流子。因此，本征半导体中存在数量相等的两种载流子，即自由电子和空穴。本征半导体的导电能力取决于载流子的浓度。半导体在热激发下产生自由电子和空穴对的现象称为本征激发。自由电子在运动中与空穴相遇就会填补空穴，使二者同时消失，这种现象称为复合。一定温度下，本征激发产生的自由电子和空穴对，与复合的自由电子和空穴对数目相等，达到动态平衡。

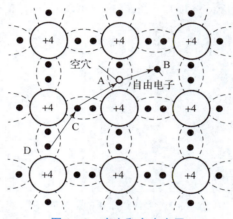

图 1 - 3　空穴和自由电子

3. 本征半导体的特性

本征半导体的导电性能与温度有关。温度一定时，本征半导体中载流子的浓度是一定的，并且自由电子与空穴的浓度相等。当温度升高时，热运动加剧，挣脱共价键束缚的自由电子增多，空穴也随之增多（即载流子的浓度升高），导电性能增强；当温度降低，则载流子的浓度降低，导电性能变差。本征半导体的这种对温度的敏感性，既可用来制作热敏和光敏器件，又是造成半导体器件温度稳定性差的原因。

（四）杂质半导体

在常温下，本征半导体中载流子浓度很低，因而导电能力很弱。为了改善导电性能并使其具有可控性，需在本征半导体中掺入微量的其他元素（称为杂质）。这种掺入杂质的半导体称为杂质半导体。掺入杂质后，由于载流子的浓度提高，因而杂质半导体的导电性能将增强，而且掺入的杂质越多，载流子浓度越高，导电性能也就越强，实现了导电性能的可控性。根据掺入杂质的性质不同，杂质半导体可分为 N 型半导体和 P 型半导体。

1. N 型半导体

在本征半导体硅（或锗）中掺入微量的 5 价元素，例如磷，则磷原子就取代了硅晶体中少量的硅原子，占据晶格上的某些位置，如图 1 - 4 所示。由图可见，磷原子最外层有 5 个价电子，其中 4 个价电子分别与邻近 4 个硅原子形成共价键结构，多余的 1 个价电子在共价键之外，只受到磷原子对它微弱的束缚，因此在室温下，即可获得挣脱束缚所需的能量而成为自由电子，游离于晶格之间。失去电子的磷原子则成为不能移动的正离子。磷原子由于可以释放 1 个电子而被称为施主原子，又称施主杂质。

在本征半导体中每掺入 1 个磷原子就可产生 1 个自由电子，而本征激发产生的空穴的数目不变。这样，在掺入磷的半导体中，自由电子的数目就远远超过了空穴数目，成为多数载流子（简称多子），空穴则为少数载流子（简称少子）。显然，参与导电的主要是电子，故这种半导体称为电子型半导体，简称 N 型半导体。N 为 Negative 的字头，由于电子带负电荷而得此名。

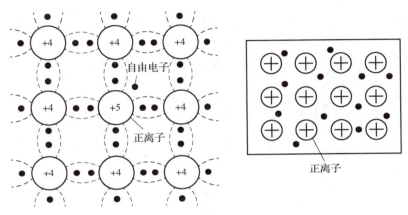

图 1-4 N 型半导体

2. P 型半导体

在本征半导体硅（或锗）中掺入微量的 3 价元素，例如硼，则硼原子就取代了硅晶体中少量的硅原子，占据晶格上的某些位置，如图 1-5 所示。由图可见，硼原子的 3 个价电子分别与其邻近的 3 个硅原子中的 3 个价电子组成完整的共价键，而与其相邻的另 1 个硅原子的共价键中则缺少 1 个电子，出现了 1 个空穴。这个空穴被附近硅原子中的价电子来填充后，使 3 价的硼原子获得了 1 个电子而变成负离子。同时，邻近共价键上出现 1 个空穴。由于硼原子起着接受电子的作用，故称为受主原子，又称受主杂质。

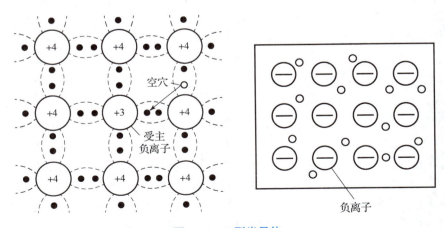

图 1-5 P 型半导体

在本征半导体中每掺入 1 个硼原子就可以提供 1 个空穴，当掺入一定数量的硼原子时，就可以使半导体中空穴的数目远大于本征激发电子的数目，成为多数载流子，而电子则成为少数载流子。显然，参与导电的主要是空穴，故这种半导体称为空穴型半导体，简称 P 型半导体。P 为 Positive 的字头，由于空穴带正电而得此名。

利用杂质半导体，掺入不同性质、不同浓度的杂质，并采用不同方式组合 N 型半导体和 P 型半导体，就可以制造出各种各样、用途各异的半导体器件。

（五）PN 结的概念

在一块完整的硅片上，用不同的掺杂工艺使其一边形成 N 型半导体，另一边形成 P 型半导体，我们称两种半导体的交界面附近的区域为 PN 结，如图 1-6 所示。

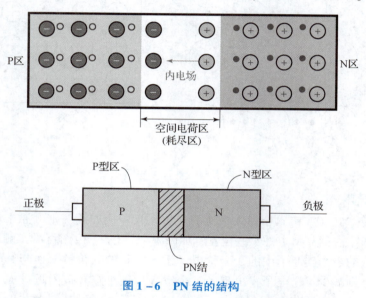

图 1-6　PN 结的结构

P 型半导体和 N 型半导体结合后，由于 N 型区内自由电子为多子，空穴几乎为零称为少子，而 P 型区内空穴为多子，自由电子为少子，在它们的交界处就出现了电子和空穴的浓度差。由于自由电子和空穴浓度差的原因，有一些电子从 N 型区向 P 型区扩散，也有一些空穴要从 P 型区向 N 型区扩散。它们扩散的结果就使 P 区一边失去空穴，留下了带负电的杂质离子，N 区一边失去电子，留下了带正电的杂质离子。开路情况下半导体中的离子不能任意移动，因此不参与导电。这些不能移动的带电粒子在 P 和 N 区交界面附近，形成了一个空间电荷区，空间电荷区的薄厚与掺杂物浓度有关。

在空间电荷区形成后，由于正负电荷之间的相互作用，在空间电荷区形成了内电场，其方向是从带正电的 N 区指向带负电的 P 区。显然，这个电场的方向与载流子扩散运动的方向相反，阻止扩散。另外，这个电场将使 N 区的少数载流子空穴向 P 区漂移，使 P 区的少数载流子电子向 N 区漂移，漂移运动的方向正好与扩散运动的方向相反。从 N 区漂移到 P 区的空穴补充了原来交界面上 P 区所失去的空穴，从 P 区漂移到 N 区的电子补充了原来交界面上 N 区所失去的电子，这就使空间电荷减少，内电场减弱。因此，漂移运动的结果是使空间电荷区变窄，扩散运动加强。

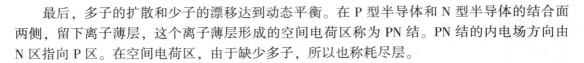

最后，多子的扩散和少子的漂移达到动态平衡。在 P 型半导体和 N 型半导体的结合面两侧，留下离子薄层，这个离子薄层形成的空间电荷区称为 PN 结。PN 结的内电场方向由 N 区指向 P 区。在空间电荷区，由于缺少多子，所以也称耗尽层。

（六）PN 结的特性

从 PN 结的形成原理可以看出，要想让 PN 结导通形成电流，必须消除其空间电荷区内部电场的阻力。很显然，给它加一个反方向的更大的电场，即 P 区接外加电源的正极，N 区接负极，就可以抵消其内部的自建电场，使载流子可以继续运动，从而形成线性的正向电流，如图 1-7 所示。而外加反向电压则相当于内建电场的阻力更大，PN 结不能导通，仅有极微弱的反向电流（由少数载流子的漂移运动形成，因少子数量有限，电流饱和）。当反向电压增大至某一数值时，因少子的数量和能量都增大，会碰撞破坏内部的共价键，使原来被束缚的电子和空穴被释放出来，不断增大电流，最终 PN 结将被击穿（变为导体）损坏，反向电流急剧增大。

1. 单向导电性

如果电源的正极接 P 区，负极接 N 区，外加的正向电压有一部分降落在 PN 结区，PN 结处于正向偏置。电流便从 P 型一边流向 N 型一边，空穴和电子都向界面运动，使空间电荷区变窄，电流可以顺利通过，其方向与 PN 结内电场方向相反，削弱了内电场。于是，内电场对多子扩散运动的阻碍减弱，扩散电流加大。扩散电流远大于漂移电流，可忽略漂移电流的影响，PN 结呈现低阻性，如同一个开关合上，因此称之为导通状态，如图 1-7 所示。

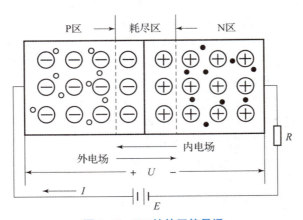

图 1-7　PN 结的正偏导通

如果电源的正极接 N 区，负极接 P 区，外加的反向电压有一部分降落在 PN 结区，PN 结处于反向偏置，则空穴和电子都向远离界面的方向运动，使空间电荷区变宽，电流不能流过，方向与 PN 结内电场方向相同，加强了内电场。内电场对多子扩散运动的阻碍增强，扩散电流大大减小。此时 PN 结区的少子在内电场作用下形成的漂移电流大于扩散电流，可忽略扩散电流，PN 结呈现高阻性。这如同一个开关打开，因此称之为截止状态，如图 1-8 所示。在一定的温度条件下，由本征激发决定的少子浓度是一定的，故少子形成的漂移电流是恒定的，基本上与所加反向电压的大小无关，这个电流也称为反向饱和电流。

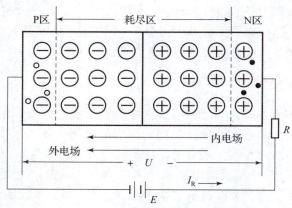

图 1-8　PN 结的反偏截止

PN 结加正向电压时，呈现低电阻，具有较大的正向扩散电流；PN 结加反向电压时，呈现高电阻，具有很小的反向漂移电流。这就是 PN 结的单向导电性。

2. 反向击穿性

PN 结加反向电压时，空间电荷区变宽，该区中电场增强。反向电压增大到一定程度时，反向电流将突然增大。如果外电路不能限制电流，则电流会大到将 PN 结烧毁。反向电流突然增大时的电压称为击穿电压。基本的击穿情况有两种，即隧道击穿（也叫齐纳击穿）和雪崩击穿，前者击穿电压小于 6 V，有负的温度系数，后者击穿电压大于 6 V，有正的温度系数。

阻挡层中的载流子漂移速度随内部电场的增强而相应加快到一定程度时，其动能足以把束缚在共价键中的价电子碰撞出来，产生电子 - 空穴对，新产生的载流子在强电场作用下，再去碰撞其他中性原子，又产生新的电子 - 空穴对，如此连锁反应，使阻挡层中的载流子数量急剧增加，像雪崩一样。雪崩击穿发生在掺杂浓度较低的 PN 结中，阻挡层宽，碰撞电离的机会较多，雪崩击穿的击穿电压高。

齐纳击穿通常发生在掺杂浓度很高的 PN 结内。由于掺杂浓度很高，PN 结很窄，这样即使施加较小的反向电压（5 V 以下），结层中的电场却很强（可达 2.5×10^5 V/m 左右）。在强电场作用下，会强行将 PN 结内原子的价电子从共价键中拉出来，形成电子 - 空穴对，从而产生大量的载流子。它们在反向电压的作用下，形成很大的反向电流，出现了击穿。显然，齐纳击穿的物理本质是场致电离。

采取适当的掺杂工艺，可将硅 PN 结的雪崩击穿电压控制在 8~1 000 V，而齐纳击穿电压低于 5 V。在 5~8 V 内两种击穿可能同时发生。温度升高后，晶格振动加剧，致使载流子运动的平均自由路程缩短，碰撞前动能减小，必须加大反向电压才能发生雪崩击穿具有正的温度系数，但温度升高，共价键中的价电子能量状态高，从而齐纳击穿电压随温度升高而降低，具有负的温度系数。

1.2.2　半导体二极管

二极管是晶体二极管的简称，早期还有真空电子二极管。二极管是一种

半导体二极管

具有单向传导电流的电子器件。

（一）二极管的结构

在 PN 结的两端引出两个电极并将其封装在金属或塑料管壳内，就构成了二极管，如图 1-9 所示。二极管通常由管芯、管壳和电极三部分组成，管壳起保护管芯的作用。从 P 区引出的电极称为正极或阳极，从 N 区引出的电极称为负极或阴极。在电路图中二极管一般用字母 D（或 VD）表示。

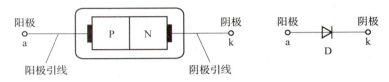

图 1-9　二极管的结构和电路符号

（二）二极管的分类

二极管种类有很多，按照所用的半导体材料分类，可分为锗二极管（Ge 管）和硅二极管（Si 管）。根据其不同用途分类，可分为检波二极管、整流二极管、稳压二极管、开关二极管、隔离二极管、肖特基二极管、发光二极管、硅功率开关二极管、旋转二极管等。按照管芯结构分类，又可分为点接触型二极管和面接触型二极管。

点接触型二极管是用一根很细的金属丝压在光洁的半导体晶片表面，通以脉冲电流，使触丝一端与晶片牢固地烧结在一起，形成一个 PN 结，如图 1-10 所示。由于是点接触型，因此只允许通过较小的电流（不超过几十毫安），适用于高频小电流电路，如收音机的检波等。

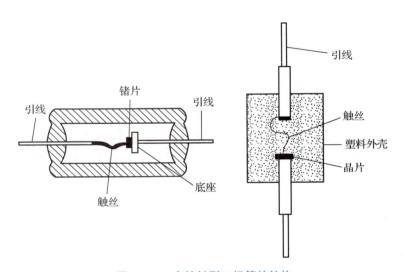

图 1-10　点接触型二极管的结构

面接触型二极管的 PN 结面积较大，允许通过较大的电流（几安到几十安），主要用于把交流电变换成直流电的"整流"电路中，如图 1-11 所示。

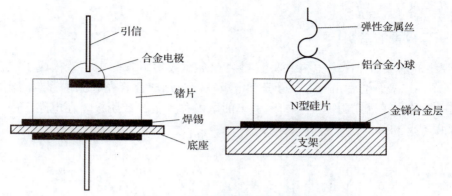

图 1-11　面接触型二极管的结构

（三）二极管的伏安特性

二极管的伏安特性是指加在二极管两端的电压和流过二极管的电流之间的关系，用于定量描述这两者的关系曲线称为伏安特性曲线，如图 1-12 所示。

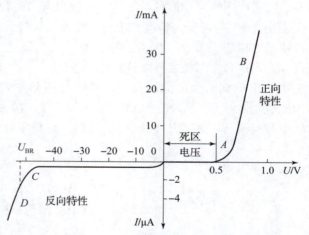

图 1-12　二极管的伏安特性曲线

1. 正向特性

在电子电路中，将二极管的正极接在高电位端，负极接在低电位端，二极管就会导通，这种连接方式，称为正向偏置。必须说明，当加在二极管两端的正向电压很小时，二极管仍然不能导通，流过二极管的正向电流十分微弱。只有当正向电压达到某一数值（这一数值称为门坎电压或死区电压，锗管约为 0.1 V，硅管约为 0.5 V）以后，二极管才能真正导通。导通后二极管两端的电压基本上保持不变（锗管约为 0.3 V，硅管约为 0.7 V），称为二极管的正向压降。

2. 反向特性

在电子电路中，二极管的正极接在低电位端，负极接在高电位端，此时二极管中几乎没有电流流过，二极管处于截止状态，这种连接方式称为反向偏置。二极管处于反向偏置时，仍然会有微弱的反向电流流过二极管，称为漏电流。当二极管两端的反向电压增大到某一数值时，反向电流会急剧增大，二极管将失去单向导电特性，这种状态称为二极管的击穿。

（四）二极管的主要参数

1. 额定正向工作电流 I_F

额定正向工作电流是指二极管长期连续工作时允许通过的最大正向电流值。因为电流通过管子时会使管芯发热，温度上升，温度超过容许限度（硅管为 140 ℃ 左右，锗管为 90 ℃ 左右）时，就会使管芯过热而损坏。所以，二极管使用中不要超过二极管额定正向工作电流值。例如，常用的 1N4001 ~ 1N4007 型锗二极管的额定正向工作电流为 1 A。

2. 最高反向工作电压 U_{BR}

加在二极管两端的反向电压高到一定值时，会将管子击穿，失去单向导电能力。为了保证使用安全，规定了最高反向工作电压值。例如，1N4001 二极管反向耐压为 50 V，1N4007 反向耐压为 1 000 V。

3. 反向电流 I_R

反向电流是指二极管在规定的温度和最高反向电压作用下，流过二极管的反向电流。反向电流越小，管子的单方向导电性能越好。值得注意的是，反向电流与温度有密切的关系，大约温度每升高 10 ℃，反向电流增大一倍。例如 2AP1 型锗二极管，在 25 ℃ 时反向电流若为 250 μA，温度升高到 35 ℃ 时，反向电流将上升到 500 μA，依此类推，在 75 ℃ 时，它的反向电流已达 8 mA，不仅失去了单方向的导电特性，还会使管子过热而损坏。又如，2CP10 型硅二极管，25 ℃ 时反向电流仅为 5 μA，温度升高到 75 ℃ 时，反向电流也不过 160 μA。所以硅二极管比锗二极管在高温下具有更好的稳定性。

4. 最高工作频率 f_M

由于 PN 结存在结电容，它的存在限制了二极管的工作频率，因此如果通过二极管的信号频率超过管子的最高工作频率 f_M，则结电容的容抗变小，高频电流将直接从结电容上通过，管子的单向导电性变差。

（五）二极管的应用

1. 整流电路

整流电路的作用是将交流降压电路输出的电压较低的交流电转换成单向脉动性直流电，这就是交流电的整流过程，整流电路主要由整流二极管组成。经过整流电路之后的电压已经不是交流电压，而是一种含有直流电压和交流电压的混合电压，习惯上称之为单向脉动性直流电压。

2. 限幅电路

所谓限幅，就是将信号的幅值限制在所需要的范围之内。二极管正向导通后，它的正向压降基本保持不变（硅管为 0.7 V，锗管为 0.3 V）。利用这一特性，在电路中作为限幅元件，可以把信号幅度限制在一定范围内。由于通常所需要限幅的电路多为高频脉冲电路、高频载波电路、中高频信号放大电路、高频调制电路等，故要求限幅二极管具有较陡直的伏安特性。

3. 检波电路

电路分析中，将低频信号称为基带信号，高频振荡信号称为载波，受低频信号控制的高频振荡信号称为已调波，控制的过程称为调制。在接收部分，接收机天线接收到的已调信号，经放大后再还原成原来的低频信号，这一过程称为解调或检波。检波二极管的作用是利用其单向导电性将高频或中频无线电信号中的低频信号或音频信号取出来，广泛应用于半导体收音机、收录机、电视机及通信等设备的小信号电路中，其工作频率较高，处理信号幅度较弱。

4. 续流保护电路

续流二极管都是并联在线圈（感性元器件）的两端。线圈在通过电流时，会在其两端产生感应电动势。当电流消失时，其感应电动势会对电路中的元件产生反向电压。当反向电压高于原有器件的反向击穿电压时，会损坏元件。当续流二极管并联在线圈两端，流过线圈中的电流消失时，线圈产生的感应电动势通过二极管和线圈构成的回路做功而消耗掉，从而保护了电路中其他元件的安全。

5. 开关电路

二极管在正向电压作用下电阻很小，处于导通状态，相当于一只接通的开关；在反向电压作用下，电阻很大，处于截止状态，如同一只断开的开关。利用二极管的开关特性，可以组成各种逻辑电路。

（六）特殊二极管

1. 稳压二极管

稳压二极管又叫齐纳二极管，是一种利用 PN 结反向击穿状态，电流可在很大范围内变化而电压基本不变的现象，制成的起稳压作用的二极管，如图 1-13 所示。稳压二极管是一种直到临界反向击穿电压前都具有很高电阻的半导体器件。在临界击穿点上，反向电阻降低到一个很小的数值，在这个低阻区中电流增加而电压则保持恒定。稳压二极管可根据击穿电压来分挡，主要被作为稳压器或电压基准元件使用。可将稳压二极管串联起来使用，以便获得更高的稳定电压。

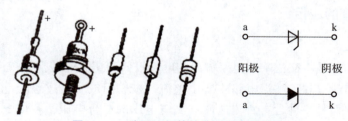

图 1-13 稳压二极管的外形和电路符号

2. 发光二极管

发光二极管简称 LED，由含镓（Ga）、砷（As）、磷（P）、氮（N）等的化合物制成，通过电子与空穴复合释放能量发光，如图 1-14 所示。在电路及仪器中作为指示灯，或者组成文字、数字显示。砷化镓二极管发红光，磷化镓二极管发绿光，碳化硅二极管发黄光，氮化镓二极管发蓝光。根据化学性质，发光二极管又分为有机发光二极管 OLED 和无机发光二极管 LED。发光二极管最初是用于仪器仪表的指示性照明，随后扩展到交通信号灯，再到景观照明、车用照明和手机键盘及背光源。随着微型发光二极管（micro – LED）的出现，其尺寸大幅缩小。用独立发光的红、蓝、绿微型发光二极管排列形成显示阵列可应用于显示领域。

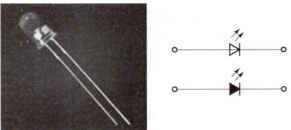

图 1 – 14　发光二极管的外形和电路符号

3. 光敏二极管

光敏二极管也叫光电二极管，如图 1 – 15 所示。光敏二极管与半导体二极管在结构上是类似的，其管芯是一个具有光敏特征的 PN 结，具有单向导电性，因此工作时需加上反向电压。无光照时，有很小的饱和反向漏电流，此时光敏二极管截止；当受到光照时，PN 结中会产生电子 – 空穴对，使少数载流子的密度增加，饱和反向漏电流大大增大，形成光电流。光电流随入射光强度的变化而变化，可以利用光照强弱来控制电路中电流的大小。

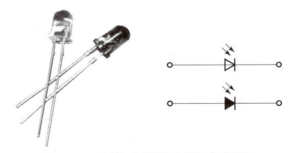

图 1 – 15　光敏二极管的外形和电路符号

4. 变容二极管

变容二极管又称可变电抗二极管，是利用 PN 结反偏时结电容大小随外加电压而变化的特性制成的，如图 1 – 16 所示。反偏电压增大时结电容减小、反之结电容增大，变容二极管的电容量一般较小，其最大值为几十 pF 到几百 pF，最大电容与最小电容之比约为 5：1。变容二极管主要在高频电路中用作自动调谐、调频、调相等元件，例如在电视接收机的调谐回路中用作可变电容。

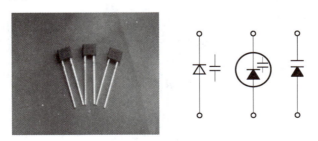

图 1 – 16　变容二极管的外形和电路符号

1.2.3 半导体三极管

半导体三极管

三极管全称为半导体三极管,也称双极型晶体管、晶体三极管,是一种控制电流的半导体器件。其作用是把微弱信号放大成幅度值较大的电信号,也用作无触点开关。

(一)三极管的结构

晶体三极管是在一块半导体基片上制作两个相距很近的 PN 结,两个 PN 结把整块半导体分成三部分,中间部分是基区,两侧部分是发射区和集电区,排列方式有 NPN 和 PNP 两种。从三个区引出相应的电极,分别为基极 b(或 B)、发射极 e(或 E)和集电极 c(或 C)。常用晶体三极管包括硅平面 NPN 管和锗合金 PNP 管,它们的内部结构如图 1 − 17 所示。

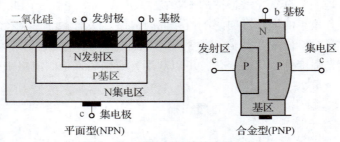

图 1 − 17 晶体三极管的内部结构

发射区和基区之间的 PN 结叫作发射结,集电区和基区之间的 PN 结叫作集电结。基区很薄,而发射区较厚,杂质浓度大。NPN 型三极管发射区"发射"的是自由电子,其移动方向与电流方向相反,故发射极箭头向外;PNP 型三极管发射区"发射"的是空穴,其移动方向与电流方向一致,故发射极箭头向里。发射极箭头指向也是 PN 结在正向电压下的导通方向。硅晶体三极管和锗晶体三极管都有 NPN 型和 PNP 型两种类型。

1. NPN 型晶体三极管的内部结构

NPN 型晶体三极管的内部结构为两个面对面的 PN 结,如图 1 − 18 所示。

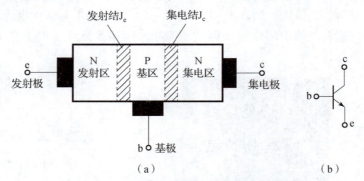

(a) (b)

图 1 − 18 NPN 型三极管的结构和符号

(a)结构示意;(b)符号

2. PNP 型晶体三极管的内部结构

PNP 型晶体三极管的内部结构为两个背对背的 PN 结，如图 1-19 所示。

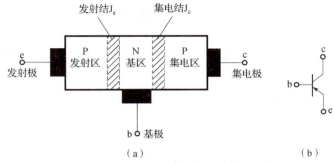

图 1-19　PNP 三极管的结构和符号

（a）结构示意；（b）符号

（二）三极管的工作状态

三极管是一种以基极电流来驱动流过集电极电流的元件，它的工作原理很像一个可控制的阀门。三极管具有三种工作状态，用于不同目的时它的工作状态也不同。三极管的三种状态分别是截止状态、放大状态、饱和状态。

1. 截止状态

当加在三极管发射结的电压小于 PN 结的导通电压，基极电流为零，集电极电流和发射极电流都为零，集电极和发射极互不相通。三极管这时失去了电流放大作用，集电极和发射极之间相当于开关的断开状态，我们称该三极管处于截止状态。这就相当于一个关紧了的水龙头，水龙头里的水是流不出来的，如图 1-20 所示。

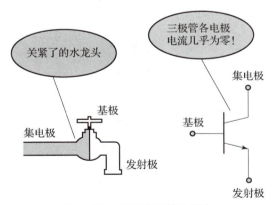

图 1-20　三极管的截止状态

2. 放大状态

当加在三极管发射结的电压大于 PN 结的导通电压，并处于某一恰当的值时，三极管的发射结正向偏置，集电结反向偏置，这时基极电流对集电极电流起着控制作用，使三极管进入放大状态，如图 1-21 所示。在放大状态下，三极管相当于一个受控制的水龙头，水龙头流出水流的大小受开关（基极）的控制，开关拧大一点，流出的水就会大一点。也就是放大状态下，三极管基极的电流大一点，集电极的电流也会跟着变大。

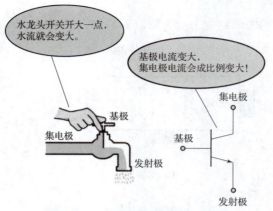

图 1－21　三极管的放大状态

3. 饱和状态

当加在三极管发射结的电压大于 PN 结的导通电压，并当基极电流增大到一定程度时，集电极电流不再随着基极电流的增大而增大，而是处于某一定值附近不怎么变化，这时三极管失去电流放大作用，集电极与发射极之间的电压很小，集电极和发射极之间相当于开关的导通状态。三极管的这种状态称为饱和状态，如图 1－22 所示。在饱和状态下，三极管集电极电流的大小已经不受基极电流的控制，集电极电流与基极电流不再成比例关系。饱和状态下的三极管基极电流变大时，集电极电流也不会变大了，这就相当于水龙头的开关已经开得比较大了，开关再开大时，流出的水流也不会再变大了。

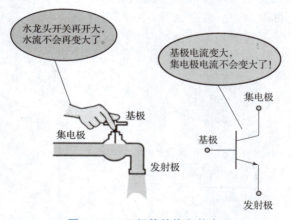

图 1－22　三极管的饱和状态

根据三极管工作时各个电极的电位高低，就能判别三极管的工作状态，因此，电子维修人员在维修过程中，经常要拿多用电表测量三极管各引脚的电压，从而判别三极管的工作情况和工作状态。

当向三极管的基极输入正极性信号时，其基极电流会增大，容易进入饱和状态；当向三极管的基极输入负极性信号时，其基极电流会减小，容易进入截止状态。因此，判断输入信号送入放大电路后能否顺利放大，主要是检查最大值（一般为正极性）的输入信号、最小值（一般为负极性）的输入信号是否引起放大电路中三极管进入了饱和状态、截止状态。如果两种输入信号都没有使三极管进入饱和、截止状态，那么该范围的输入信号送入放大电路后能被顺利放大。如果两种输入信号使三极管进入饱和或截止状态，则不能顺利放大，会引起信号饱和失真或截止失真。

（三）三极管的共发射极特性曲线

三极管的特性曲线是描述三极管各个电极之间电压与电流关系的曲线，它们是三极管内部载流子运动规律在管子外部的表现。三极管共发射极放大电路的特性曲线有输入特性曲线和输出特性曲线，下面以 NPN 型三极管为例，来讨论三极管共发射极电路的特性曲线，其电路如图 1－23 所示。

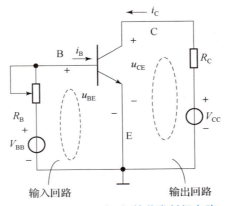

图 1－23　NPN 型三极管共发射极电路

1. 输入特性

在三极管共发射极连接的情况下，对于集电极与发射极之间的电压 U_{CE} 的不同取值，u_{BE} 和 i_B 之间的一族曲线，称为共发射极输入特性曲线。一般状况下，当 $U_{CE} \geqslant 1\ \text{V}$ 时，集电结就处于反向偏置，此刻再增大 U_{CE} 对 i_B 的影响很小，即 $U_{CE} > 1\ \text{V}$ 后的输入特性与 $U_{CE} = 1\ \text{V}$ 的特性曲线重合。因此，半导体器材手册中一般只给出一条 $U_{CE} \geqslant 1\ \text{V}$ 时的输入特性曲线，如图 1－24 所示。输入特性曲线的数学表达式为：

$$i_B = f(u_{BE}) \big|_{U_{CE} = 常数}$$

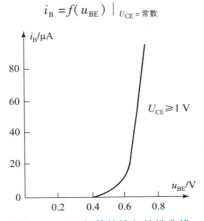

图 1－24　三极管的输入特性曲线

三极管的输入特性曲线与二极管的伏安特性曲线很类似，也存在一段死区。硅管的死区电压约为 0.5 V，锗管的死区电压约为 0.2 V。导通后，硅管的 u_{BE} 约为 0.7 V，锗管的 u_{BE} 约为 0.3 V。

2. 输出特性

输出特性是指以基极电流 I_B 为常数，输出电压 u_{CE} 和输出电流 i_C 之间的关系，即

$$i_C = f(u_{CE}) \big|_{I_B = 常数}$$

对于 I_B 的不同取值，输出特性曲线也不相同。因此，三极管的输出特性曲线是一族曲线。依据三极管的工作状态，可将其输出特性分为截止、饱和、放大三个区域，如图 1 – 25 所示。

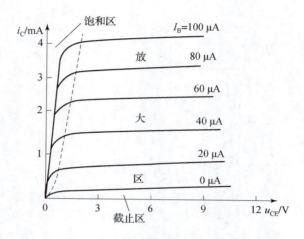

图 1 – 25　三极管的输出特性曲线

（1）截止区。截止区就指 $I_B = 0$ μA 的那条特性曲线以下的区域。在此区域里，三极管的发射结和集电结都处于反向偏置状况，三极管失去了放大效果，集电极只有微弱的穿透电流 I_{CEO}。截止区的特点是：$I_B = 0$ μA，$i_C \approx 0$ mA、u_{CE} 较大，因此 C 和 E 间相当于开路。

（2）饱和区。饱和区是指图 1 – 25 中虚线左侧的区域。在此区域内，对应不同 I_B 取值的输出特性曲线族基本重合在一起。也就是说，u_{CE} 较小时，即使 i_C 增加也增加不大，I_B 失去了对 i_C 的控制。这种状况，称为三极管的饱和。饱和时，三极管的发射结和集电结都处于正向偏置状况。三极管集电极与发射极间的电压称为集 – 射饱和压降，用 u_{CES} 标明。u_{CES} 很小，一般中小功率硅管 $u_{CES} < 0.5$ V。饱和区的特点是：无论 I_B 为何值，I_B 对 i_C 均失去控制，且 u_{CE} 很小，因此 C 和 E 间相当于短路。

（3）放大区。在截止区以上、饱和区右侧的区域为放大区。在此区域内，三极管特性曲线近似于一族平行等距的水平线，i_C 的改动量与 i_B 的变量具有线性关系，即 $\Delta i_C = \beta \Delta I_B$，且 $\Delta i_C > \Delta I_B$。也就是说在此区域内，三极管具有电流放大效果。此外，集电极电压对集电极电流的控制效果也很弱。当 $u_{CE} > 1$ V 后，即便增大 u_{CE}，i_C 也基本不增加。此刻，若 I_B 不变，则三极管能够当作一个恒流源。在放大区，三极管的发射结处于正向偏置，集电结处于反向偏置状况。放大区的特点是：i_C 受 I_B 控制，且 $\Delta i_C / \Delta I_B = \beta$ 为常数（线段平行、等间距），与 u_{CE} 无关。

（四）三极管的主要参数

1. 电流放大系数 β

在共发射极放大电路中，若交流输入信号为零，则管子各极间的电压和电流都是直流量，此时的集电极电流 I_C 和基极电流 I_B 的比称为共发射极直流电流放大系数；当共发射极放大电路有交流信号输入时，因交流信号的作用，必然会引起 i_B 的变化，相应地也会引起 i_C 的变化，两电流变化量的比称为共发射极交流电流放大系数 β，即 $\beta = \Delta i_C / \Delta i_B$。上述两个电流放大系数的含义虽然不同，但工作在输出特性曲线放大区平坦部分的三极管，两者的差异极小，可做近似相等处理。

由于制造工艺的分散性，同一型号三极管的 β 值差异较大。常用的小功率三极管，β 值一般为 $20 \sim 100$。β 过小，管子的电流放大作用小；β 过大，管子工作的稳定性差。一般选用 β 在 $40 \sim 80$ 范围的管子较为合适。

2. 极间反向饱和电流

极间反向饱和电流包含集电极 – 基极反向饱和电流 I_{CBO}、集电极 – 发射极间的穿透电流 I_{CEO} 两个参数。I_{CBO} 是指发射极开路，集电结加反向电压时测得的集电极电流。常温下，硅管的 I_{CBO} 在 $nA(10^{-9})$ 的量级，通常可忽略；I_{CEO} 是指基极开路时，集电极与发射极之间的反向电流，即穿透电流。穿透电流的大小受温度的影响较大，穿透电流小的管子热稳定性好。两种极间反向饱和电流的关系是：$I_{CEO} = (1 + \beta) I_{CBO}$，$I_{CBO}$ 和 I_{CEO} 越小，表明三极管的质量越好。

3. 极限参数

三极管的极限参数是指使用时不得超过的限度，主要有集电极最大允许电流 I_{CM}、集电极最大允许功耗 P_{CM} 和反向击穿电压三项参数。

（1）集电极最大允许电流。集电极电流 I_C 在相当大的范围内可满足晶体管的 β 值基本保持不变，但当 I_C 的数值大到一定程度时，电流放大系数 β 值将下降。使 β 明显减少的 I_C 即为 I_{CM}。为了使三极管在放大电路中能正常工作，I_C 不应超过 I_{CM}。

（2）集电极最大允许功耗。晶体三极管工作时，集电极电流在集电结上将产生热量，产生热量所消耗的功率就是集电极的功耗 P_{CM}。功耗与三极管的结温有关，结温又与环境温度、管子是否有散热器等条件相关。

（3）反向击穿电压。极间反向击穿电压主要有 $U_{(BR)CEO}$ 和 $U_{(BR)CBO}$。$U_{(BR)CEO}$ 是基极开路时，集电极和发射极之间的反向击穿电压；$U_{(BR)CBO}$ 是发射极开路时，集电极和基极之间的反向击穿电压。

1.2.4　基本放大电路

基本放大电路

在电子设备中，经常要把微弱的电信号放大，以便驱动执行机构工作。例如，在测量或自动控制的过程中，常常需要检测和控制一些与设备运行有关的非电量，如温度、湿度、流量、转速、声、光、力和机械位移等，虽然这些非电量的变化可以用传感器转换成相应的电信号，但这样获得的电信号一般都比较微弱，必须经过放大电路放大以后，才能驱动继电器、控制电机、显示仪表或其他执行机构动作，以达到测量或控制的目的。所以说，放大电路是自动控制、检测装置、通信设备、计算机以及扩音机、电视机等电子设备中最基本的组成部分。

放大电路又叫放大器。基本放大电路，是指由一只放大管构成的简单放大电路，又称为单管放大电路，它是构成多级放大电路的基础。

（一）基本放大电路的组成

基本放大电路由电源 V_{CC}、三极管 VT、耦合电容 C_1 和 C_2、基极偏置电阻 R_B、集电极负载电阻 R_C 和负载电阻 R_L 构成，如图 1－26 所示。在实际应用中为了简化电路，画图时往往省略电源符号，只画出电源电压的端点并标以 V_{CC}。图中 u_i 为输入端接的交流信号源，u_o 为输出端的交流电压。

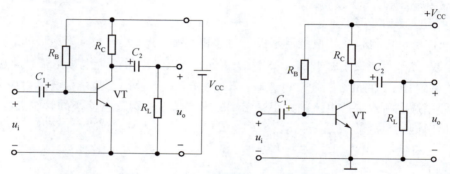

图 1－26　单管共发射极基本放大电路

需要放大的交流信号 u_i 从左端送入，放大以后的信号 u_o 从 R_L 两端输出。发射极是输入回路和输出回路的公共端，故称该电路为共发射极放大电路。电路中各元件的作用如下：

（1）三极管 VT：NPN 型三极管，起电流放大作用，是放大电路的核心元件。

（2）直流电源 V_{CC}：提供能源，与 R_B、R_C 配合为三极管提供合适的直流偏置电压，保证发射结正偏和集电结反偏，使三极管工作在放大状态；为输出信号提供能量，将直流能量转换为交流能量输出到负载。

（3）基极偏置电阻 R_B：影响放大电路基极静态偏置电流的大小。

（4）集电极负载电阻 R_C：将三极管集电极电流的变化转换为电压的变化，反映到输出端，实现电压放大。

（5）耦合电容 C_1、C_2：利用电容对直流阻抗无穷大、对交流阻抗很小的特点，通过 C_1 把交流信号耦合到三极管，同时隔断电路与信号源之间的直流通路；通过 C_2 从三极管集电极把交变输出信号送给负载，同时隔离集电极与负载之间的直流通路。C_1、C_2 分别称为输入端耦合电容和输出端耦合电容，作用是隔离直流、通过交流。

（二）基本放大电路的主要性能指标

为了评价一个放大电路质量的优劣，通常需要规定若干项性能指标。测试指标时，一般在放大电路的输入端加上一个正弦测试电压，如图 1－27 所示。放大电路的主要技术指标有以下 4 项。

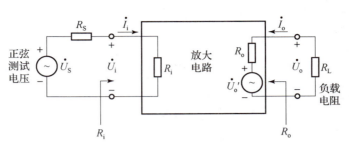

图 1 - 27　放大电路性能指标测试电路

1. 放大倍数

放大倍数（又称"增益"）是衡量一个放大电路放大能力的指标，用字母 A 表示。放大倍数越大，则放大电路的放大能力越强。放大倍数定义为输出信号与输入信号的变化量之比。根据输入、输出端所取的是电压信号还是电流信号，放大倍数又分为电压放大倍数、电流放大倍数等。

（1）电压放大倍数。

测试电压放大倍数指标时，通常在放大电路的输入端加上一个正弦波电压信号，假设其相量为 $\dot{U}_i$，然后在输出端测得输出电压的相量为 $\dot{U}_o$，此时可用 $\dot{U}_o$ 与 $\dot{U}_i$ 之比表示放大电路的电压放大倍数，即

$$\dot{A}_u = \frac{\dot{U}_o}{\dot{U}_i}$$

一般情况下，放大电路中输入与输出信号近似为同相，因此可用电压有效值之比表示电压放大倍数，即

$$A_u = \frac{U_o}{U_i}$$

（2）电流放大倍数。

与电压放大倍数一样，电流放大倍数可用输出电流相量 $\dot{I}_o$ 与输入电流 $\dot{I}_i$ 相量之比来表示，即

$$\dot{A}_i = \frac{\dot{I}_o}{\dot{I}_i}$$

也可用有效值之比表示电流放大倍数，即

$$A_i = \frac{I_o}{I_i}$$

放大倍数是无量纲的常数，最常用的是电压放大倍数 A_u。这里有两个原因，一是很多放大电路为电压放大电路，即要求电路在微弱电压信号作用下，使负载上获得较大的电压；另一个原因是因为在放大电路的动态测试中，一般采用测量动态电位的方法求出放大倍数。

2. 输入电阻

输入电阻是衡量一个放大电路向信号源索取信号大小能力的指标。输入电阻越大，放大电路向信号源索取信号的能力越强，也就是放大电路输入端得到的电压 U_i 与信号源电压 U_S 的数值越接近。

放大电路的输入电阻是指从输入端看进去的等效电阻，用 R_i 表示。R_i 是输入电压有效值 U_i 与输入电流有效值 I_i 之比，即

$$R_i = \frac{U_i}{I_i}$$

3. 输出电阻

输出电阻是衡量一个放大电路带负载能力的指标，用 R_o 表示。输出电阻越小，则放大电路的带负载能力越强。

任何放大电路的输出回路均可等效成一个有内阻的电压源，如图 1 – 27 所示。从放大电路输出端看进去的等效内阻就是输出电阻。依据戴维南定理，当输入端信号电压 U_S 等于零（但保留信号源内阻 R_S），输出端开路，即负载电阻 R_L 为无穷大时，输出电阻为外加的输出电压 U_o 与相应的输出电流 I_o 之比，即

$$R_o = \frac{U_o}{I_o}$$

4. 通频带

通频带是指放大倍数下降到中频放大倍数 A_{um} 的 0.707 倍时两个频点所限定的频率范围，用 f_{BW} 表示。f_{BW} 是上限频率 f_H 与下限频率 f_L 之差，即 $f_{BW} = f_H - f_L$，如图 1 – 28 所示。由于电路中存在着电抗元件以及三极管的结和极间电容的影响，放大电路的电压放大倍数在输入信号频率逐渐降低或逐渐升高时都会下降，只有在一定频率范围（中频段范围）内放大倍数基本上为一常数。对不同频率的信号而言，放大器放大能力（即增益）是不一样的。通频带是衡量一个放大电路对不同频率的输入信号适应能力的指标。通频带越宽，表明放大电路对不同频率信号的适应能力越强。

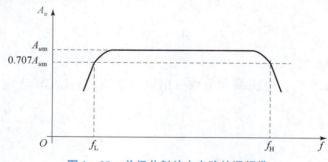

图 1 – 28　单级共射放大电路的通频带

（三）基本放大电路的工作原理

1. 放大电路的静态

在没有加输入信号时，放大电路的工作状态称为静态。由于静态时电路中各处的电压、电流都是直流量，所以静态又称为直流工作状态。

静态工作点是指电路处于静态时，三极管各电极确定不变的电压、电流，在特性曲线上表现为一个确定点，即 Q 点。一般包括 I_{BQ}、U_{BEQ}、I_{CQ}、U_{CEQ}。静态工作点是直流负载线与三极管的某条输出特性曲线的交点。随 I_B 的不同，静态工作点沿直流负载线上下移动。根据式 $U_{CE} = V_{CC} - R_C I_C$，在 $i_C - u_{CE}$ 图上画出直流负载线，再画出在 I_B 为不同值情况下的三

极管输出特性曲线，交点即静态工作点，如图 1 – 29 所示。

　　放大器的静态工作点的设置是否合适，是放大器能否正常工作的重要条件：工作点太高，u_i 中幅值较大的部分将进入饱和区，发生饱和失真，实际一般采用调节 R_B 并使之增大来达到降低 Q 的目的；工作点太低，u_i 中幅值较小的部分将进入截止区，发生截止失真，实际一般采用调节 R_B 并使之减小，来达到提高 Q 的目的。

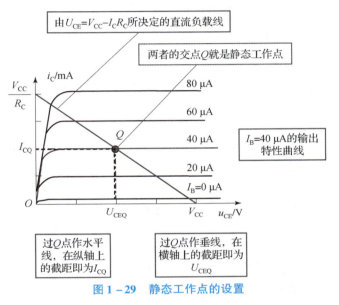

图 1 – 29　静态工作点的设置

2. 放大电路的动态

　　在电路的输入端加上输入信号后，电路的工作状态称为动态。动态时三极管各电极的电流和各极间的电压都在静态值的基础上叠加了随输入信号变化的交流量。动态时，电流、电压的瞬时总量中不仅有直流量，还有交流量。交流输入电压和交流输出电压相位相反且具有电压放大作用。

（四）直流通路和交流通路

　　在放大电路中，直流电源的作用和交流电源的作用总是共存的，即静态电流、静态电压、动态电流、动态电压总是共存的。但是，由于电感、电容等电抗元件的存在，直流量所流经的通路与交流信号所流经的通路不完全相同。因此，为了研究问题方便起见，常把直流电源对电路的作用和输入信号对电路的作用区分开来，分成直流通路和交流通路。

1. 直流通路

　　直流通路是在直流电源作用下直流电源流经的通路，也就是静态电流流经的通路，用于研究静态工作点，如图 1 – 30 所示。直流通路作图原则是：电容视为开路；电感线圈视为短路；信号源视为短路，但是应该保留其内阻。

2. 交流通路

　　交流通路是在输入信号下交流信号流经的通路，用于研究动态参数，如图 1 – 31 所示。交流通路作图原则是：容量大的电容（耦合电容）视为短路；无内阻的直流电源（V_{CC}）视为短路。

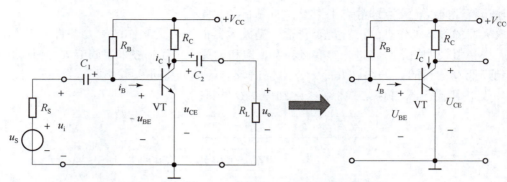

图 1–30　阻容耦合共发射极放大电路的直流通路

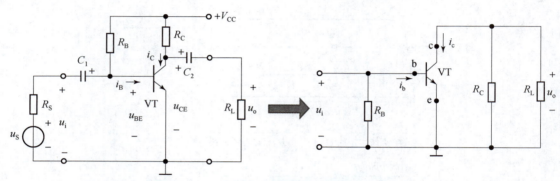

图 1–31　阻容耦合共发射极放大电路的交流通路

（五）基本放大电路的分析方法

分析放大电路就是求解其静态工作点及各项动态性能指标，应遵循"先静态，后动态"的原则，求解静态工作点时应利用直流通路，求解动态参数时应利用交流通路，两种通路不可混淆。只有静态工作点合适，动态分析才有意义。

1. 静态分析

放大电路静态分析的目的是求解静态工作点，静态工作点的计算如下：

$$I_{BQ} = \frac{V_{CC} - U_{BEQ}}{R_B}$$

$$I_{CQ} = \beta I_{BQ}$$

$$U_{CEQ} = V_{CC} - I_{CQ}R_C$$

2. 动态分析

动态分析有两种方法，即图解分析法和工程估算法（微变等效电路法）。放大器放大倍数的估算如下：

$$A_u = \frac{u_o}{u_i} = -\beta \frac{R_C}{r_{be}} \qquad A_{uL} = \frac{u_o}{u_i} = -\beta \frac{R_L'}{r_{be}}$$

其中，$R_L' = R_C /\!/ R_L$，输入电阻 r_{be} 为：

$$r_{be} = 300 + (1 + \beta)\frac{26(\text{mV})}{I_E(\text{mA})}(\Omega)$$

1.2.5　共发射极放大电路及多级放大电路

共射放大电路

（一）放大电路的静态分析

共发射极放大电路直流通路如图 1 – 32 所示，静态工作点的计算如下：

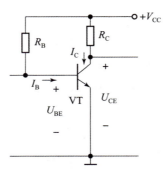

图 1 – 32　共发射极放大电路的直流通路

$$I_{BQ} = \frac{V_{CC} - U_{BEQ}}{R_B} \approx \frac{V_{CC}}{R_B}$$

$$I_{CQ} = \beta I_{BQ}$$

$$U_{CEQ} = V_{CC} - I_{CQ}R_C$$

（二）静态工作点对输出波形的影响

对于放大电路来说，其放大作用的前提是要保证输出波形不失真。但是，由于三极管是一个非线性器件，如果静态工作点设置不当或输入信号过大，可能会引起输出波形失真。在放大电路中，如果静态工作点选择不当，就可能使动态工作范围进入非线性区而产生严重的非线性失真，如图 1 – 33 所示。

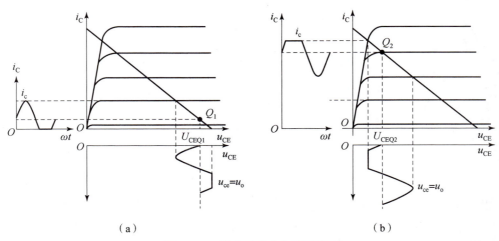

（a）

（b）

图 1 – 33　静态工作点与波形失真

（a）截止失真；（b）饱和失真

若静态工作点过低，如图1-31（a）所示 Q_1，则在输入信号的负半周，三极管进入截止区工作，i_b、i_c、u_{ce} 的波形会出现严重失真，输出波形 u_o 顶部将被削平，这种失真称为截止失真。消除截止失真的方法是提高 Q 点，如增加电源电压 V_{CC}，减小基极电阻 R_B 等。

若静态工作点过高，如图1-33（b）所示 Q_2，则在输入信号的正半周，晶体管进入饱和区工作，i_b、i_c、u_{ce} 的波形会出现严重失真，输出波形 u_o 底部将被削平，这种失真称为饱和失真。消除饱和失真的方法是降低 Q 点，如减小电源电压 V_{CC}，增加基极阻 R_B、减小 R_C 以增大交流负载线斜率等。

（三）多级放大器的耦合方式

一般情况下，单个三极管构成的放大电路的放大倍数是有限的，只有几十倍，这很难满足实际需要。在实际的应用中，一般使用多级放大电路。把单个三极管放大电路进行级联，就能组成多级放大电路，其构成如图1-34所示。

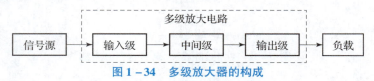

图1-34　多级放大器的构成

多级放大电路中的输入级、中间级、输出级具有不同特点，采用的电路也不相同。输入级具有高输入电阻和较强抗干扰能力，常用共集电极放大器或场效应管放大器；中间级具有较高电压放大能力，由共发射极放大器组成，使用小信号放大电路；输出级具有较低输出电阻（提高带载能力）和大的功率输出。

多级放大电路常用的耦合方式主要包括三种，即阻容耦合、变压器耦合、直接耦合。

1. 阻容耦合多级放大器

图1-35所示是一个阻容耦合方式的多级放大电路，电路的第一级和第二级之间通过电容相连接。

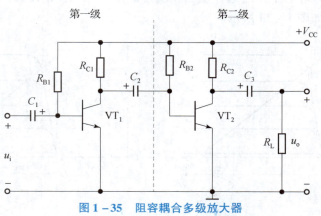

图1-35　阻容耦合多级放大器

阻容耦合方式的主要优点是，由于前后级放大电路是通过电容相连接的，所以各级之间的直流通路是相互断开的，各级的静态工作点之间互不影响，便于各级静态调试。如果电容容量足够大，那么在一定频率范围内，输入信号可以几乎无衰减地传送到后一级电路。

但是，阻容耦合方式的缺点也很显著，因为电容有"隔直"的作用，所以直流成分不能通过电容器。其次，电容器对变化缓慢的信号也会有比较大的阻碍作用，所以当变化缓慢的信号通过电容时会造成比较大的衰减。更重要的是，大容量的电容器很难集成到集成电路中，所以阻容耦合电路不适合运用在集成的放大电路中。

2. 变压器耦合多级放大器

变压器能够将信号转换成磁能的形式进行传送，所以变压器也能作为多级放大电路的耦合元件来使用。图 1 – 36 所示就是一个变压器耦合多级放大电路，变压器 T_1 将第一级的输出信号传送给第二级，变压器 T_2 将第二级的输出信号传送给负载。

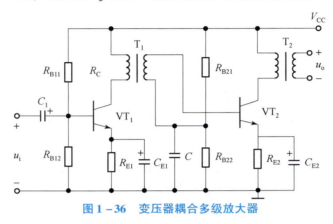

图 1 – 36　变压器耦合多级放大器

当负载阻抗和传输线特性阻抗不等，或两段特性阻抗不同的传输线相连接时均会产生反射，使损耗增加、功率容量减小、效率降低。可在两段所需要匹配的传输线之间插入变压器，就能完成不同阻抗之间的变换，以获得良好匹配。变压器耦合放大电路的重要优点是具有阻抗变换作用，因而可以应用在分立元件功率放大电路中。另外，电路前后级是通过磁能来实现耦合的，所以各级之间的静态工作点相对独立，互不影响。

变压器耦合的缺点在于低频特性差，不能放大变化缓慢的信号，直流信号也无法通过变压器；而且变压器比较笨重，无法集成化。

3. 直接耦合多级放大器

为了克服前面两种耦合方式无法集成化、不能传送变化缓慢信号的缺点，可以采用直接耦合方式，将前级的输出端直接或者通过电阻接到后一级电路的输入端，如图 1 – 37 所示。

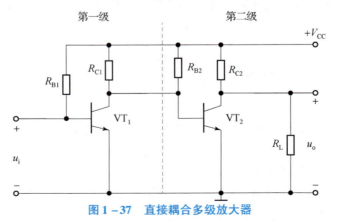

图 1 – 37　直接耦合多级放大器

直接耦合的放大电路既能传送交流信号，又能传送直流信号，也便于集成化，所以在实际的集成运算放大电路中，通常采用直接耦合的多级放大电路。

直接耦合方式带来的缺点是各级之间的直流通路相连，所以静态工作点会相互影响。为了使直接耦合的两个放大电路能正常工作，就要解决各级都要有合适的静态工作点的问题，如果解决不好，直接耦合会使静态工作点的缓慢变化逐级传递和放大。

图1-38和图1-39所示的两个电路就是两种解决途径，可以解决一些静态工作点相互影响的问题。

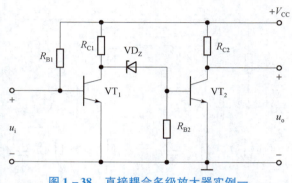

图1-38　直接耦合多级放大器实例一

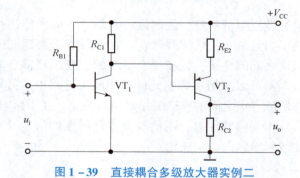

图1-39　直接耦合多级放大器实例二

如果一个直接耦合放大电路输入端对地短路，通过调整电路使输出电压也等于零，理论上来说，输出电压应该一直保持不变。但实际上，输出电压将离开零点，缓慢地发生不规则的变化，这种现象就叫作零点漂移。对于一个高质量的直接耦合放大电路，要求它除了有很高的电压放大倍数之外，还要零点漂移也比较低。

（四）多级放大器的动态分析

1. 电压放大倍数

多级放大电路的电压放大倍数 A_u 等于组成它的各级电压放大倍数之积，即 $A_u = A_{u1} \cdot A_{u2} \cdot \cdots \cdot A_{un}$。

2. 输入阻抗 R_i/输出阻抗 R_o

多级放大电路的输入阻抗 R_i 就是第一级的输入阻抗 R_{i1}；多级放大电路的输出阻抗 R_o 就是最后一级的输出阻抗 R_{on}。但是需要注意的是，当共集电极放大电路作为输入级时，它的输入阻抗与第二级的输入阻抗有关；而当共集电极放大电路作为输出级时，它的输出阻抗与倒数第二级的输出阻抗有关。

3. 饱和失真与截止失真

当多级放大电路的输出波形产生失真时，应首先确定是在哪一级先出现失真，然后再判断产生了饱和失真还是截止失真。

1.3　操作实施

1.3.1　红外遥控开关接收器的设计

1. 原理电路图设计

红外遥控开关接收器电路如图 1-40 所示。红外接收管接收到的信号通过双稳态电路（由分立元件组成）触发继电器开或关，同时触发发光二极管亮或灭。双稳态触发器是低电平触发，通电后，电路经过正反馈过程进入稳定状态（Q_2 截止、Q_3 饱和），如果没有触发信号输入（即接收端没有收到红外线信号），电路就一直维持在这种稳定状态，继电器不动作。在触发信号作用下（即接收端收到红外线信号），电路可以从一种稳定状态翻转为另一种稳定状态。红外线发射器按钮每按一下，电路状态改变一次，Q_3 集电极输出状态就改变一次（从高电平变为低电平或从低电平变为高电平）。继电器驱动电路是由 Q_2、D_2、Q_3、D_3 等元件组成的。当 Q_2 集电极为高电平时，即 Q_3 的基极为高电位，Q_3 饱和，继电器 J_1 吸合，$J-1$ 接点导通，由 $J-1$ 控制的电路工作；反之控制的电路不工作。

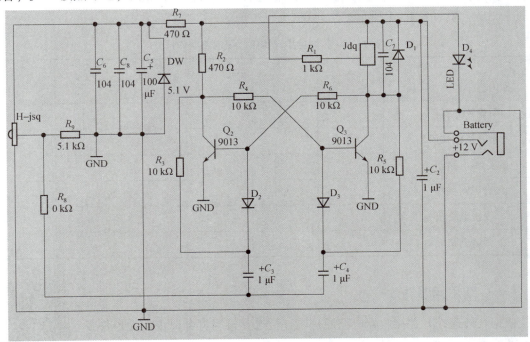

图 1-40　红外遥控开关接收器电路

2. 印制电路板设计

以红外遥控开关接收器电路图为基础，使用印制电路板（Printed Circuit Board，PCB）制作软件完成红外遥控开关接收器的 PCB 设计，如图 1 –41 所示。

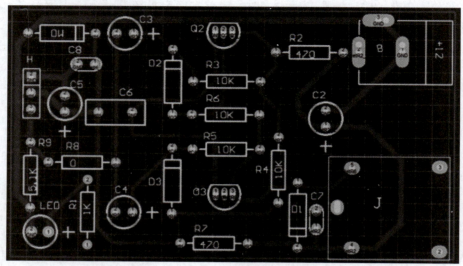

图 1 –41　红外遥控开关接收器 PCB 图

1. 3. 2　红外遥控开关接收器的制作

根据任务要求，以红外遥控开关接收器电路图为基础，合理选用元器件、焊接电路板并加电测试，填写表 1 –1 所示工作计划。

表 1 –1　红外遥控开关接收器电路制作计划

工作内容 ＼ 时间					
明确任务目标					
学习基础知识					
绘制电路图					
选用元器件					
焊接电路板					
调试电路板					

（一）选用元器件

依据红外遥控开关接收器电路原理图，挑选并检测符合要求的元器件备用，完成表 1 –2 所示元器件清单。

选用元器件

表 1 – 2　红外遥控开关接收器电路元器件清单

序号	名称	标称值/型号	个数
1			
2			
3			
4			
5			
6			
7			
8			
9			
10			
11			
12			
13			
14			
15			

1. 电阻的识别与选用

（1）电阻的分类。

我们平常在工作中所说的电阻（Resistance）其实是电阻器。电阻器是一种具有一定阻值、一定几何形状、一定性能参数、在电路中起电阻作用的实体元件。在电路中，它的主要作用是稳定和调节电路中的电流和电压，作为分流器、分压器和消耗电能的负载使用。

电阻器是非极性元件，阻值可在元件体表面通过色环或工程编码来鉴别。常见的电阻类型包括碳膜电阻、金属膜电阻、绕线电阻、陶瓷电阻等，如表 1 – 3 所示。在电路图中，电阻用字母 R 表示，基本单位是欧姆，简称欧，用字母 Ω 来表示。

表 1 – 3　常见电阻的外形

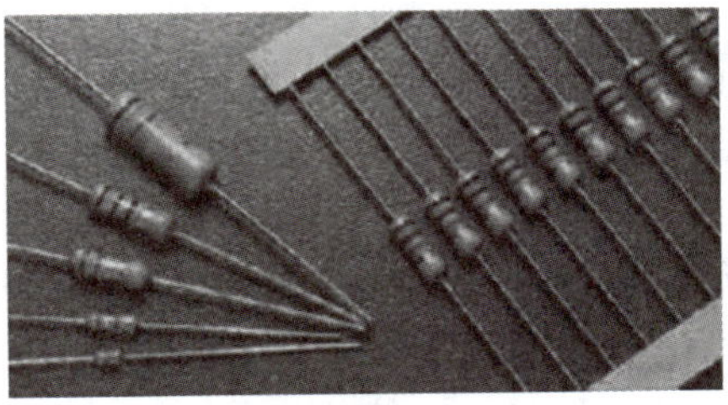 碳膜电阻	 金属膜电阻

续表

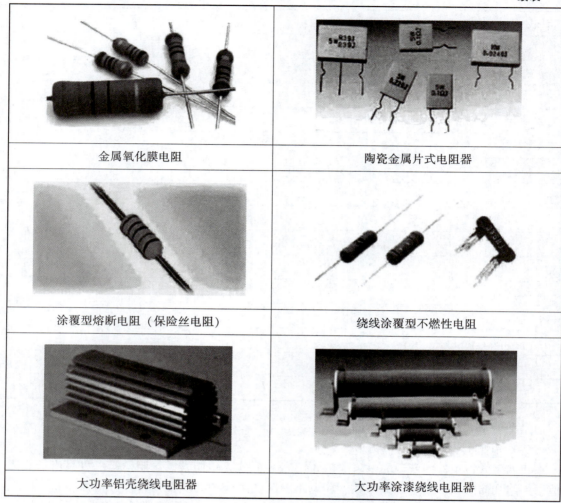

金属氧化膜电阻	陶瓷金属片式电阻器
涂覆型熔断电阻（保险丝电阻）	绕线涂覆型不燃性电阻
大功率铝壳绕线电阻器	大功率涂漆绕线电阻器

（2）电阻的参数。

电阻的主要参数有标称阻值、误差和额定功率。标称阻值是指电阻元件外表面上标注的电阻值（热敏电阻则指 25 ℃时阻值）；额定功率是指电阻元件在直流或交流电路中，在一定大气压力和产品标准中规定的温度下（–55～125 ℃），长期连续工作所允许承受的最大功率。在实际工作中，根据电路图的要求选用电阻时，必须了解电阻的主要参数。

①标称阻值和误差。

使用电阻时，首先要考虑它的阻值是多少。为了满足不同的需要，必须生产出各种不同大小阻值的电阻。但是，绝不可能也没有必要做到要什么阻值的电阻就有什么样的成品电阻。

为了便于大量生产，同时也让使用者在一定的允许误差范围内选用电阻，国家规定出一系列的阻值作为产品的标准，这一系列阻值就叫作电阻的标称阻值。另外，电阻的实际阻值也不可能做到与它的标称阻值完全一样，两者之间总存在一些偏差。最大允许偏差值除以该电阻的标称值所得的百分数就叫作电阻的误差。对于误差，国家也规定出一个系列。

普通电阻的误差有 ±5%、±10%、±20% 三种,在标志上分别以Ⅰ、Ⅱ和Ⅲ表示。例如一个电阻上印有"47KⅡ"的字样,我们就知道它是一个标称阻值为 47 kΩ、最大误差不超过 ±10% 的电阻。误差为 ±2%、±1%、±0.5%…的电阻称为精密电阻。

②额定功率。

当电流通过电阻时,电阻因消耗功率而发热。如果电阻发热的功率大于它所能承受的功率,电阻就会烧坏。所以电阻发热而消耗的功率不得超过某一数值。这个不至于将电阻烧坏的最大功率值就称为电阻的额定功率。

与电阻元件的标称阻值一样,电阻的额定功率也有标称值,通常有 1/8 W、1/4 W、1/2 W、1 W、2 W、3 W、5 W、10 W、20 W 等。图 1 – 42 画出了不同瓦数的电阻符号。

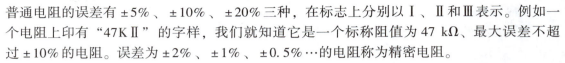

图 1 – 42　不同瓦数的电阻符号

当有的电阻上没用瓦数标志时,我们就要根据电阻体积大小来判断。常用碳膜电阻与金属膜电阻的额定功率与体积大小的关系如表 1 – 4 所示。

表 1 – 4　碳膜电阻与金属膜电阻外形尺寸与额定功率的关系

额定功率/W	碳膜电阻（RT）		金属膜电阻（RJ）	
	长度/mm	直径/mm	长度/mm	直径/mm
1/8	11	3.9	6 ~ 8	2 ~ 2.5
1/4	18.5	5.5	7 ~ 8.2	2.5 ~ 2.9
1/2	28	5.5	10.8	4.2
1	30.5	7.2	13	6.6
2	48.5	9.5	18.5	8.6

（3）电阻的标识。

电阻的标识方法主要有直标法、数码表示法、文字符号法、色标法。

①直标法。

直标法是指将电阻的类别、标称电阻值、允许偏差、额定功率等参数的数值直接标注在电阻的表面,如图 1 – 43 所示。

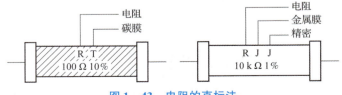

图 1 – 43　电阻的直标法

②数码表示法。

数码表示法用三位数表示阻值，前两位表示有效数字，第三位数字表示倍率。如电阻上标注"ABC"，表示其阻值为 $AB \times 10^C$。其中，如果"C"为9，则表示 -1。例如标注为"742"，表示阻值为 $74 \times 10^2 \ \Omega = 7.4 \ k\Omega$；标注为"389"，表示阻值为 $38 \times 10^{-1} \ \Omega = 3.8 \ \Omega$；标注为"000"，则阻值为0，这种电阻通常作保险用。

另外，可调电阻在标注阻值时，也常用两位数字表示，第一位表示有效数字，第二位表示倍率。如"24"表示 $2 \times 10^4 \ \Omega = 24 \ k\Omega$。

③文字符号法。

文字符号法是指用数字加字母符号（Q、Ω、K、M）或两者有规律的组合来表示电阻的阻值，其中字母符号前面的数字表示阻值的整数部分，字母符号后面的数字表示阻值的小数部分。如"5Ω8"，表示阻值为 $5.8 \ \Omega$；"5K8"，表示该电阻阻值为 $5.8 \ k\Omega$。

④色标法。

色标法是用不同颜色的带或点在电阻器表面标出标称阻值和允许偏差的方法。早期电阻是把阻值直接印到电阻上的，但后来发现，安装的时候阻值朝向 PCB 时就被挡住了，识别不到阻值。而色标法就不一样了，哪个方向都可以识别。色标法包括三色环、四色环和五色环3种情况，色环含义和数值读取方法如图 1-44 所示。

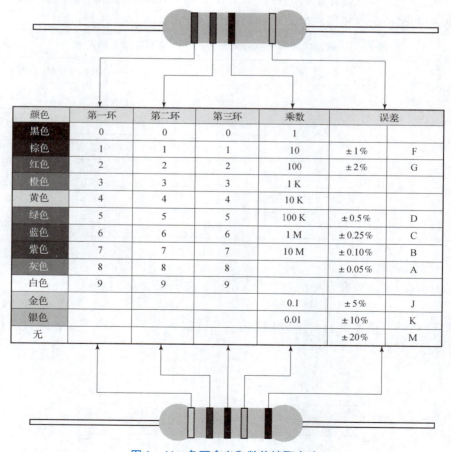

颜色	第一环	第二环	第三环	乘数	误差	
黑色	0	0	0	1		
棕色	1	1	1	10	±1%	F
红色	2	2	2	100	±2%	G
橙色	3	3	3	1 K		
黄色	4	4	4	10 K		
绿色	5	5	5	100 K	±0.5%	D
蓝色	6	6	6	1 M	±0.25%	C
紫色	7	7	7	10 M	±0.10%	B
灰色	8	8	8		±0.05%	A
白色	9	9	9			
金色				0.1	±5%	J
银色				0.01	±10%	K
无					±20%	M

图 1-44　色环含义和数值读取方法

三色环电阻识别方法：比较靠边的环为第一环，第一环颜色为十位数，第二环颜色为个位数，第三环颜色为倍数。比如三个色环为红、棕、黑，那么阻值是 $21 \times 10^0 \ \Omega = 21 \times 1 \ \Omega = 21 \ \Omega$，公差为 20%。

四色环电阻识别方法：四色环电阻的公差有 5% 和 10% 两种，第四环离其他三环的距离稍远一点，所以可先找到第四环，另外一头就是第一环了。第一环颜色为十位数，第二环颜色为个位数，第三环颜色为倍数，第四环颜色为公差，只有金色和银色两种。比如四个色环为红、紫、绿、金，那么阻值是 $27 \times 10^5 \ \Omega = 27 \times 100 \ k\Omega = 2 \ 700 \ k\Omega$。

五色环电阻识别方法：五色环电阻的公差有 5% 和 10% 两种，第五环离其他四环的距离稍远一点，所以可先找到第五环，另外一头的就是第一环了。第一环颜色为百位数，第二环颜色为十位数，第三环颜色为个位数，第四环颜色为倍数，第五环颜色为公差，只有金色和银色两种。比如五个色环为黄、紫、黑、棕、棕，那么阻值是 $470 \times 10^1 \ \Omega = 4 \ 700 \ \Omega = 4.7 \ k\Omega$。

（4）电阻的检测。

电阻器的主要故障包括过流烧毁、变值、断裂、引脚脱焊等。电位器还经常发生滑动触头与电阻片接触不良等情况。

①外观检查。

对于电阻器，通过目测可以看出引线是否松动、折断或电阻体烧坏等外观故障；对于电位器，应检查引出端子是否松动，接触是否良好，转动转轴时应感觉平滑，不应有过松过紧等情况。

②阻值测量。

通常可用万用表欧姆挡对电阻器进行测量，需要精确测量阻值时可以通过电桥测量。值得注意的是测量时不能用双手同时捏住电阻或测量笔，否则，人体电阻与被测量电阻器并联，影响测量精度。电位器可先用欧姆挡测量总电阻，然后将表笔接于活动端子和引出端子，反复慢慢旋转电位器转轴，看万用表指针是否均匀连续变化。如指针平稳移动而无跳跃、抖动现象，说明电位器正常。

（5）电阻的选用。

选用电阻器时应从型号、阻值、误差、额定功率等方面综合考虑。

①型号选择。

对于一般的电子电路，若没有特殊的要求，可选用普通的碳膜电阻器，以降低成本；对于高品质的收音机和电视机等，应选用较好的碳膜电阻器、金属膜电阻器或绕线电阻器；对于测量电路或仪表、仪器电路，应选用精密电阻器；在高频电路中，应选用表面型电阻器或无感电阻器，不宜使用合成电阻器或普通的绕线电阻器；对于工作频率低、功率大，且对耐热性能要求较高的电路，可选用绕线电阻器。

②阻值及误差选择。

阻值应按标称系列选取。若需要的阻值不在标称系列，可以选择最接近这个阻值的标称值电阻。当然也可以用两个或两个以上的电阻器的串并联来代替所需要的电阻器；误差选择应根据电阻器在电路中所起的作用，除一些对精度特别要求的电路（如仪表、测量电路等）外，一般电子电路中所需电阻器的误差，可选用Ⅰ、Ⅱ、Ⅲ级误差即可。

③额定功率选择。

电阻器在电路中实际消耗的功率不得超过其额定功率。为了保证电阻器长期使用不会损坏，通常要求选用的电阻器的额定功率高于实际消耗功率的两倍以上。

2. 电容的识别与选用

（1）电容的分类。

两块互相靠近但彼此绝缘的金属片就可以构成一个电容，它是一种储能的元件。两块金属片之间的绝缘材料叫作绝缘介质。在电路图中，电容用字母 C 表示，基本单位是法拉，简称法，用字母 F 表示。电容的单位除了 F 外，还有 μF（微法）、nF（纳法）、pF（皮法）。$1\text{ F} = 10^6\text{ μF}$；$1\text{ μF} = 10^3\text{ nF}$；$1\text{ nF} = 10^3\text{ pF}$。常见的电容类型如表 1-5 所示。

表 1-5 常见电容的外形

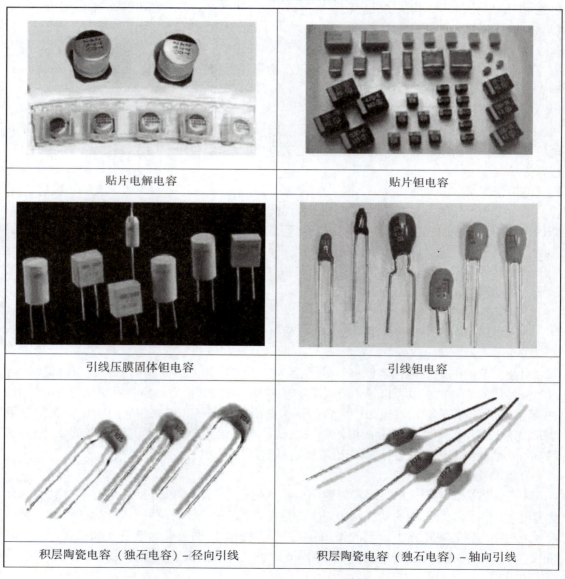

贴片电解电容	贴片钽电容
引线压膜固体钽电容	引线钽电容
积层陶瓷电容（独石电容）-径向引线	积层陶瓷电容（独石电容）-轴向引线

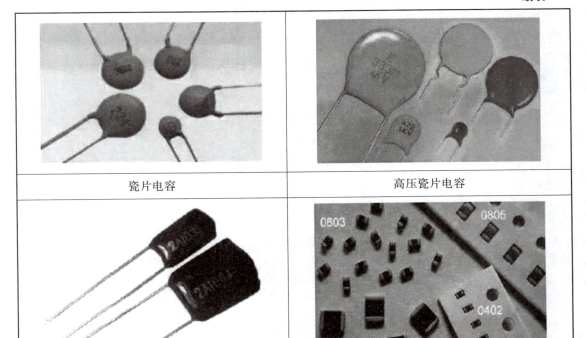

瓷片电容	高压瓷片电容
聚酯电容（涤纶电容）	贴片电容

（2）电容的参数。

电容的主要参数包括额定工作电压、标称容量和允许误差范围、绝缘电阻。在实际应用时，要想根据电路图的要求选用电容，就必须了解电容的参数。

①额定工作电压。

额定工作电压是指在规定的温度范围内，电容器在电路中能够长期可靠地工作而不致被击穿所能承受的最大电压（又称耐压）。有时又分为直流工作电压和交流工作电压（指有效值）。其单位为伏特，用 V 表示，其值通常为击穿电压的一半。额定工作电压的大小与介质的种类和厚度有关。

②标称容量和允许误差范围。

为了生产和选用的方便，国家对各种电容器的电容量规定了一系列标准值，称为标称容量，也就是在电容器上所标出的容量。

实际生产的电容器的电容量和标称电容量之间总会存在误差。根据不同的允许误差范围，规定电容器的精度等级。电容器的电容量允许误差分为 5 个等级：00 级表示允许误差为 ±1%；0 级表示允许误差为 ±2%；Ⅰ级表示允许误差为 ±5%；Ⅱ级表示允许误差为 ±10%；Ⅲ级表示允许误差为 ±20%。

③绝缘电阻。

电容器绝缘电阻的大小，能说明其绝缘性能的好坏。当电容器加上直流电压 U 长时间充电之后，其电流最终仍保留一定的值，称为电容器的漏电电流 I，这时绝缘电阻 $R = U/I$。

除电解电容器外，一般电容器的漏电电流很小。显然电容器的漏电电流越大，绝缘电阻越小。当漏电电流较大时，电容器会发热。发热严重时，电容器会因过热而损坏。

电容器的绝缘电阻的大小和介质的体积、电阻系数、介质厚度以及电极片面积的大小都有关系，为了减小漏电电流的影响，要求电容器具有很高的绝缘电阻，一般应为 $5\,000\,\Omega \sim 1\,M\Omega$ 或 $1\,M\Omega$ 以上。

（3）电容的标识。

电容的标识方法主要有直标法、数码表示法、文字符号法、色标法。

①直标法。

直标法是指直接把电容器的容量、额定电压、最高使用温度、偏差等级标记在电容器体上。有时因电容器的面积小而省略单位，但存在这样的规律，即小数点前面为 0 时，单位为 μF，小数点前不为 0 时，则单位为 pF。

②数码表示法。

数码表示法用三位数表示容值，前面两位表示有效数值，最后一位表示 0 的个数，得出的容量单位是 pF（皮法），如"102"表示该电容的容量为 $1\,000\,pF$。这种标识方法常用在较小的电容元件上，如陶瓷电容、独石电容等。

③文字符号法。

文字符号法由数字和字母两部分组成，其中字母可当成小数点，而数字和字母两者共同决定该电容的容量。例如：P82 = 0.82 pF；6n8 = 6.8 nF，2μ2 = 2.2 μF。

④色标法。

电容器的色标法与电阻器的色标法规定相同，基本单位为 pF。一般有三条色环，三种颜色代表三个数字，其中前两位代表数值，第三位代表有多少个 0。读码的方向是自上而下。有时还会在最后增加一色环表示电容的额定电压。

（4）电容的检测。

电容器的主要故障包括击穿、短路、变值、漏电、容量变小、变质及破损等。

①外观检查。

观察外表应完好无损，表面无裂口、污垢和腐蚀，标志应清晰，引出电极无折损；对于可调电容器应转动灵活，动定片间无碰、擦现象，各联间转动应同步等。

②测量漏电电阻。

用万用表欧姆挡（$R \times 100\,\Omega$ 或 $R \times 1\,k\Omega$ 挡），将表笔接触电容的两引线。刚搭上时，表头指针将发生摆动，然后再逐渐返回趋向 $R = \infty$ 处，这就是电容的充放电现象（对 $0.1\,\mu F$ 以下的电容器观察不到此现象）。指针的摆动越大容量越大，指针稳定后所指示的值就是漏电电阻值，其值一般为几百到几千兆欧。该阻值越大，电容器的绝缘性能越好。检测时，如果表头指针指到或靠近欧姆零点，说明电容器内部短路；若指针不动，始终指向 $R = \infty$ 处，则说明电容器内部开路或失效。$5\,000\,pF$ 以上的电容器可用万用表电阻最高挡，$5\,000\,pF$ 以下的小容量电容器应另采用专门测量仪器判别。

③电解电容器的极性检测。

电解电容器的正负极性是不允许接错的，电容器引脚较短的一端为负极或者电容上有标志的一端为负极。当极性标记无法辨认时，可根据正向连接时漏电电阻大，反向连接时漏电电阻小的特点来检测判断。交换表笔前后两次测量漏电电阻值，测出电阻值大的一次时，黑表笔接触的是正极（因为黑表笔与表内电池的正极相接）。

④可变电容器碰片或漏电的测量。

将万用表拨到 $R \times 10\ \Omega$ 挡，两表笔分别搭在可变电容器的动片和定片上，缓慢旋动动片，若表头指针始终静止不动，则无碰片现象，也不漏电；若旋转至某一角度，表头指针指到 $0\ \Omega$，则说明此处碰片。若表头指针有一定指示或细微摆动，说明有漏电现象。

（5）电容的选用。

选用电容器时应从型号、容量、误差、耐压值、温度系数、高频特性等方面综合考虑。

①型号选择。

根据电路要求，一般用于低频耦合、旁路去耦等的电容，电气性能要求较低，可以采用纸介电容器、电解电容器等。

晶体三极管低频放大器的耦合电容器，选用 $1 \sim 22\ \mu F$ 的电解电容器。旁路电容器根据电路的工作频率来选。如在低频电路中，发射极旁路电容选用电解电容器，容量在 $10 \sim 220\ \mu F$ 内；在中频电路中，可选用 $0.01 \sim 0.1\ \mu F$ 的纸介、有机薄膜电容器等；在高频电路中，应选择高频瓷介质电容器；若要在高温下工作，则应选择玻璃釉电容器等。

在电源滤波和退耦电路中，可选用电解电容器。因为在这些使用场合，对电容器性能要求不高，只要体积不大，容量够用就可以。

对于可变电容器，应根据电容统调的级数，确定采用单联或多联可变电容器，然后根据电容变化范围、容量变化曲线、体积等要求确定相应品种的电容器。

②容量和误差选择。

电容器容量的数值必须按规定的标称值来选择；电容器的误差等级有多种。在低频耦合、去耦、电源滤波等电路中，电容器可以选 $\pm 5\%$、$\pm 10\%$、$\pm 20\%$ 等误差等级，但在振荡回路、延时电路、音调控制电路中，电容器的精度要稍高一些。在各种滤波器和各种网络中，要求选用高精度的电容器。

③耐压值选择。

为保证电容器的正常工作，被选中的电容器的耐压值不仅要大于其实际工作电压，而且还要留有足够的余地，一般选用耐压值为实际工作电压两倍以上的电容器。

④温度系数选择。

振荡电路中的振荡元件、移相网络元件、滤波器等应选用温度系数小的电容器，以确保其性能。

⑤高频特性选择。

在高频应用时，由于电容器自身电感、引线电感和高频损耗的影响，电容器的性能会变坏。选用电容器时应注意参考其最高使用频率范围，如表 1-6 所示。

表 1-6   电容的最高使用频率范围

电容器的类型	使用频率范围/MHz	等效电感/$(10^{-3}\ \mu H)$
小型云母电容器	$150 \sim 250$	$4 \sim 6$
圆片型瓷介电容器	$200 \sim 300$	$2 \sim 4$
圆管型瓷介电容器	$150 \sim 200$	$3 \sim 10$

续表

电容器的类型	使用频率范围/MHz	等效电感/$(10^{-3}\ \mu H)$
圆盘型瓷介电容器	2 000～3 000	1～1.5
小型纸介电容器（无感卷绕）	50～80	6～11
中型纸介电容器（0.022 μF）	5～8	30～60

3. 电感的识别与选用

（1）电感的分类。

电感线圈简称电感，它是由导线一圈一圈地绕在绝缘管上，导线彼此互相绝缘，而绝缘管可以是空心的，也可以包含铁芯或磁粉芯。电感是储能元件，在电路中用 L 来表示，单位有亨利（H）、毫亨（mH）、微亨（μH）。常见的电感类型如表 1-7 所示。

表 1-7　常见电感的外形

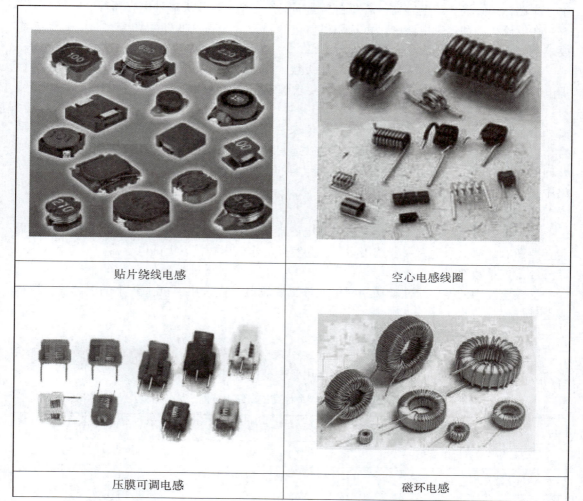

贴片绕线电感	空心电感线圈
压膜可调电感	磁环电感

续表

贴片绕线层叠电感	磁棒绕线电感
共模扼流圈	磁环

（2）电感的参数。

电感线圈的主要特性参数包括电感量、感抗、品质因素、分布电容、标称电流。

①电感量 L：表示线圈本身固有特性，与电流大小无关。

②感抗 X_L：电感线圈对交流电流阻碍作用的大小称为感抗，其单位为欧姆。它与电感量 L 和交流电频率 f 的关系为 $X_L = 2\pi fL$。

③品质因素 Q：表示线圈质量的一个重要物理量，Q 为感抗 X_L 与其等效的电阻的比值，即：$Q = X_L/R$。线圈的 Q 值越高，回路的损耗越小。线圈的 Q 值通常为几十到几百。

④分布电容：线圈的匝与匝间、线圈与屏蔽罩间、线圈与底板间存在的电容被称为分布电容。分布电容的存在使线圈的 Q 值减小，稳定性变差，因而线圈的分布电容越小越好。

⑤标称电流：指线圈允许通过的电流大小，通常用字母 A、B、C、D、E 分别表示标称电流值 50 mA、150 mA、300 mA、700 mA、1 600 mA。

（3）电感的应用。

①在使用线圈时不要随便改变线圈的形状、大小和线圈间的距离，否则会影响线圈原来的电感量。尤其是工作频率高、线圈圈数少时更要注意。

②线圈在装配时互相之间的位置以及与其他元件的位置应符合规定要求，它们经常会互相影响而导致整机不能正常工作。

③可调线圈应安装在机器易于调整的地方，以便调整线圈的电感量达到最理想的工作状态。

4. 二极管极性的判别

二极管上有标志的一端为其负极。也可以用模拟万用表欧姆挡测量二极管的电阻，当电阻显示为较小值时，黑表笔所接的一端为二极管的正极。数字万用表与指针万用表一样，也有欧姆挡，但由于两者测量原理不同，无法判断出二极管的正负极。数字万用表有一个二极管专用测量挡，可以用该挡来判断二极管的极性。

5. 三极管极性的判别

（1）确定三极管的基极。

可利用三极管欧姆挡测量三极管两个 PN 结的电阻，同为正向电阻的公共引脚为三极管的基极。

（2）确定三极管的集电极和发射极。

对 NPN 型晶体三极管而言，将万用表欧姆挡的黑表笔接三极管的集电极，红表笔接三极管的发射极，然后通过手指将三极管的集电极和基极相连接，如果这时万用表红表笔与黑表笔之间的电阻下降很多，则表示黑表笔所接的是三极管的集电极，红表笔所接的是三极管的发射极。对 PNP 型三极管极性的判别方法类似。

（二）焊接电路板

焊接电路板

1. 焊接顺序

先焊小元件，再焊大元件。顺序为：电阻→电容→电感→插接件（开关等）→二极管→三极管→集成电路等。

2. 焊接方法

（1）先加热焊件和被焊件。

（2）熔化焊锡丝。

（3）撤掉焊锡丝。

（4）继续加热并保持一定时间。

（5）撤掉烙铁。

（6）焊件和被焊件保持不动，直到焊点凝固。

3. 焊接步骤

锡焊五步操作法如图 1 – 45 所示。在焊接时按照先焊矮元件（电阻、二极管），再焊高元件（电容、三极管、芯片、开关、继电器等）的原则进行操作。元件应尽量贴着底板，按照元件清单和电气原理图进行插件、焊接，特别要注意电解电容器的极性、二极管极性和三极管脚位以及三极管型号不可混淆。三极管引脚之间的间隙大小是有区分的，插件时注意与印制电路板上孔位对应。在焊接过程中，如果一次焊接不成功，应等冷却后再进行下一次焊接，以免烫坏印制电路板。

步骤一：准备施焊，如图 1 – 45（a）所示。

左手拿焊丝，右手握烙铁，进入备焊状态。要求烙铁头保持干净，无焊渣等氧化物，并在表面镀有一层焊锡。

步骤二：加热焊件，如图 1 – 45（b）所示。

烙铁头靠在两焊件的连接处，加热整个焊件，需要 1~2 s。在印制板上焊接元器件时，要注意使烙铁头同时接触两个被焊接物。例如，图 1 – 45（b）中的导线与接线柱、元器件引线与焊盘要同时均匀受热。

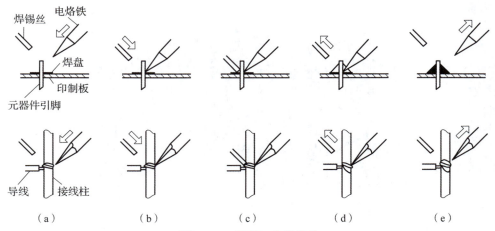

图 1 - 45　锡焊五步操作法
（a）步骤一；（b）步骤二；（c）步骤三；（d）步骤四；（e）步骤五

步骤三：送入焊丝，如图 1 - 45（c）所示。

焊件的焊接面被加热到一定温度时，焊锡丝从烙铁对面接触焊件。注意：不要把焊锡丝送到烙铁头上。

步骤四：移开焊锡丝，如图 1 - 45（d）所示。

当焊锡丝熔化一定量后，立即向左上 45°方向移开焊锡丝。

步骤五：移开烙铁，如图 1 - 45（e）所示。

焊锡浸润焊盘和焊件的施焊部位以后，向右上 45°方向移开烙铁结束焊接。从第三步开始到第五步结束，时间也是 1~2 s。

4. 注意事项

（1）不要在实验室打闹，防止烫伤。

（2）用电时要小心，防止触电。

（3）控制好电烙铁的温度。

（4）对烙铁头、元器件去氧化。

（5）注意助焊剂的使用。

5. 实物展示

焊接元器件前、后红外遥控开关接收器电路板实物如图 1 - 46 和图 1 - 47 所示。

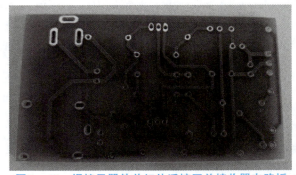

图 1 - 46　焊接元器件前红外遥控开关接收器电路板

图1-47 焊接元器件后红外遥控开关接收器电路板

(三) 测试电路板

红外遥控开关的调试中常用的仪器包括万用表、稳压电源、示波器、信号发生器等，调试过程如下。

1. 调试前不加电源的检查

对照电路图和实际线路检查连线是否正确，包括错接、少接、多接等；用万用表电阻挡检查焊接和接插是否良好；元器件引脚之间有无短路，连接处有无接触不良；二极管、三极管、集成电路和电解电容的极性是否正确；电源供电极性、信号源连线是否正确；电源端对地是否存在短路（用万用表测量电阻）。若电路经过上述检查，确认无误后，可转入静态检测与调试。

2. 静态检测与调试

断开信号源，把经过准确测量的电源接入电路，用万用表电压挡监测电源电压，观察有无异常现象，如冒烟、异常气味、手摸元器件发烫、电源短路等。如发现异常情况，立即切断电源，排除故障；如无异常情况，分别测量各关键点的直流电压（如静态工作点、数字电路各输入端和输出端的高低电平值与逻辑关系、放大电路输入和输出端直流电压等）是否在正常工作状态下。若不符，可调整电路元器件参数或更换元器件，使电路最终工作在合适的工作状态。对于放大电路还要用示波器观察是否有自激发生。

3. 动态检测与调试

动态调试是在静态调试的基础上进行的，调试的方法是在电路的输入端加上所需的信号源，并循着信号的注射逐级检测各有关点的波形、参数和性能指标是否满足设计要求。如有必要，可对电路参数做进一步调整。发现问题后，要设法找出原因，排除故障，继续进行。

4. 调试注意事项

（1）正确使用测量仪器的接地端，仪器的接地端与电路的接地端要可靠连接。

（2）在信号较弱的输入端，尽可能使用屏蔽线连线，屏蔽线的外屏蔽层要接到公共地线上。在频率较高时要设法隔离连接线分布电容的影响，例如用示波器测量时应该使用示波器探头连接，以减少分布电容的影响。

（3）测量电压所用仪器的输入阻抗必须远大于被测处的等效阻抗。

（4）测量仪器的带宽必须大于被测量电路的带宽。

（5）正确选择测量点和测量量程。

（6）认真观察并记录调试过程，包括条件、现象、数据、波形、相位等。

（7）出现故障时要认真查找原因。

> **提示：**
>
> 　　同学们，当我们进行操作时，需要注意安全操作规范，预见可能遇到的各种情况，养成一丝不苟、认真负责的良好风气。

1.4　结果评价

"红外遥控开关接收器的设计与制作"任务的考核评价如表1-8所示，包括"职业素养"和"专业能力"两部分。

表1-8　"红外遥控开关接收器的设计与制作"任务评价表

评价项目	评价内容	分值	评分		
			自我评价	小组评价	教师评价
职业素养	遵守纪律，服从教师的安排	5			
	具有安全操作意识，能按照安全规范使用各种工具及设备	5			
	具有团队合作意识，注重沟通、自主学习及相互协作	5			
	完成任务设计内容	5			
	学习准备充足、齐全	5			
	文档资料齐全、规范	5			
专业能力	能正确说出所给典型电路的名称和功能	5			
	能说明电路中主要电子元器件的作用	15			
	电路原理图绘制正确无误，布局合理，构图美观	10			
	PCB图绘制正确无误，布局和布线合理并符合要求	5			
	能选择正确的元器件，正确焊接电路，焊点符合要求、美观	10			

续表

评价项目	评价内容	分值	评分		
			自我评价	小组评价	教师评价
专业能力	能正确校准、使用测量仪器，正确连接测试电路	10			
	在规定时间完成任务	10			
	电路功能展示成功	5			
合计		100			

1.5 总结提升

1.5.1 测试题目

1. 填空题

（1）PN 结是制造半导体器件的基础，它的最主要的特性是_____。

（2）三极管工作在放大区的外部条件是发射结_____，集电结_____。

（3）在放大电路中，输入信号一定时，若静态工作点设置太低，放大信号将产生_____失真；静态工作点设置太高，放大信号将产生_____失真。通常调节_____来改变静态工作点。

（4）整流电路的内部结构由降压变压器、_____、_____、_____构成。

（5）根据信息表达方式的不同可将电子信号分为_____信号和_____信号。

2. 选择题

（1）稳压管的稳压区是指其工作在 （   ）。

A. 正向导通区   B. 反向截止区   C. 反向击穿区

（2）PN 结加正向偏置时，应该是 （   ）。

A. P 区接电源正极，N 区接电源负极，空间电荷区变宽

B. P 区接电源负极，N 区接电源正极，空间电荷区变窄

C. P 区接电源正极，N 区接电源负极，空间电荷区变窄

D. P 区接电源负极，N 区接电源正极，空间电荷区变宽

（3）硅二极管的正向导通电压一般是 （   ）。

A. 0.5～0.8 V   B. 0.6～0.8 V

C. 0.1～0.3 V   D. 0.2～0.3 V

（4）符合共基极放大器性能特点的选项是（　　）。

A. 输入电阻小，频率特性好　　　　　　B. 输入电阻小，频率特性差

C. 输入电阻大，频率特性好　　　　　　D. 输入电阻大，频率特性差

（5）工作在放大区的某三极管，如果当 I_B 从 15 μA 增大到 25 μA 时，I_C 从 2 mA 变为 3 mA，那么它的 β 约为（　　）。

A. 83　　　　　　B. 91　　　　　　C. 100　　　　　　D. 200

3. 问答题

（1）某放大电路中的三极管三个极分别设为 1、2、3，现测得它们对地的电位依次为 -8 V、-2.9 V、-3.2 V，试判别各引脚名称，并说明是 NPN 型还是 PNP 型、是硅管还是锗管。

（2）分别判断图 1-48 所示各电路中晶体三极管工作在哪个区？

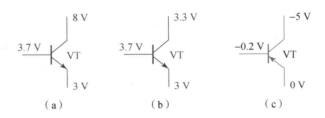

图 1-48　判断晶体管工作区

（3）电路如图 1-49 所示，已知 $V_{CC}=12$ V，$R_C=4$ kΩ，$R_B=300$ kΩ，$\beta=37.5$，试求放大电路的静态值。

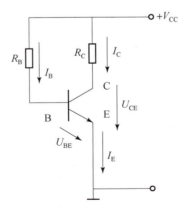

图 1-49　求放大电路的静态值

（4）电路如图 1-50 所示，在直流电源 $V_{CC}=12$ V，三极管 $\beta=50$，静态集电极电流 $I_{CQ}=2$ mA 的情况下，确定电路中其他参数并计算出该电路的电压增益 A_u、输入电阻 R_i 和输出电阻 R_o。

4. 判断题

判断图 1-51 所示各电路中晶体三极管是否有可能工作在放大状态？

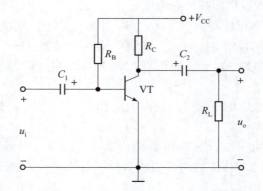

图 1-50　计算电压增益及输入和输出电阻

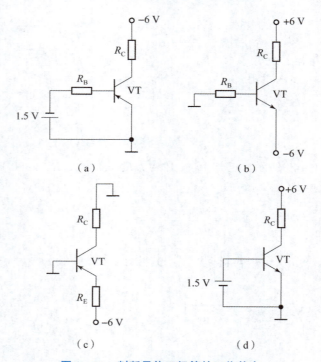

图 1-51　判断晶体三极管的工作状态

1.5.2　习题解析

1. 填空题

（1）单向导电性

（2）正向偏置，反向偏置

（3）截止，饱和，偏置电阻

（4）输入滤波器，输出滤波器，二极管整流电路

（5）模拟，数字

2. 选择题

（1）C　　　（2）C　　　（3）B　　　（4）A　　　（5）C

3. 问答题

（1）已知三极管在放大状态，必然满足电位关系，且基极电位处于三者之中间值，所以 $U_B = -3.2$ V（3 脚为 b）；导通时 $U_{BE(ON)} \approx 0.7$ V（或 0.3 V），由此确定 $U_E = -2.9$ V（2 脚为 e）并且是锗管；进一步得到 $U_C = -8$ V（1 脚为 c）；因为满足 $U_E > U_B > U_C$，故为 PNP 型锗管。

（2）（a）NPN 管，工作在放大区（因为 $U_{BE} = 0.7$ V，$U_{BC} < 0$（$U_C > U_B > U_E$））。

（b）NPN 管，不在放大区。工作在饱和区，$U_{BE} = 0.7$ V，$U_{BC} > 0$，$U_C < U_B$，$U_{CE} = U_{CES} = 0.3$ V。

（c）PNP 管，发射结正偏，集电结反偏，工作在放大区。对 PNP 型，$U_E > U_B > U_C$，BE 间电压一般为 0.3 V（锗管），CE 间电压一般为 0.7 V。

（3）根据电路可得：

$$I_{BQ} = \frac{V_{CC} - U_{BEQ}}{R_B} \approx \frac{V_{CC}}{R_B} = \frac{12}{300} = 0.04（\text{mA}）$$

$$I_{CQ} = \bar{\beta} I_{BQ} + I_{CEO} \approx \bar{\beta} I_{BQ} = 37.5 \times 0.04 = 1.5（\text{mA}）$$

$$U_{CEQ} = V_{CC} - I_{CQ} R_C = 12 - 1.5 \times 4 = 6（\text{V}）$$

（4）根据静态工作点 Q 尽量在中点为最佳的要求，令 $U_{CEQ} \approx 6$ V，则：

$$R_C = \frac{V_{CC} - U_{CEQ}}{I_{CQ}} = \frac{12\ \text{V} - 6\ \text{V}}{2\ \text{mA}} = 3\ \text{k}\Omega$$

$$I_{BQ} = \frac{I_{CQ}}{\beta} = \frac{2\ \text{mA}}{50} = 40\ \mu\text{A}$$

$$R_B \approx \frac{V_{CC}}{I_{BQ}} = \frac{12\ \text{V}}{40\ \mu\text{A}} = 300\ \text{k}\Omega$$

$$r_{be} = 300 + (1 + \beta)\frac{26\ \text{mA}}{I_{EQ}}（\Omega），\text{其中 } I_{EQ} \approx I_{CQ} = 2\ \text{mA}$$

$$\text{则 } r_{be} = 300 + (1 + 50)\frac{26\ \text{mA}}{2\ \text{mA}} = 963（\Omega）$$

$$A_u = -\beta\frac{R_C}{r_{be}} = -50 \times \frac{3\ 000}{963} = -155.76$$

$$A_{uL} = -\beta\frac{R'_L}{r_{be}} = -50 \times \frac{3\ 000 /\!/ 3\ 000}{963} = -77.88$$

4. 判断题

（a）可能。因为是 PNP 管，电路满足 $U_C < U_B < U_E$。

（b）可能。因为是 NPN 管，电路满足 $U_C > U_B > U_E$。

（c）不可能。因为 $U_C = U_B$，不满足 $U_C > U_B > U_E$ 的条件。

（d）不可能。基极没有保护电阻，BE 结会因电流过大而损坏。

任务 2

红外遥控开关发射器的设计与制作

2.1　任务描述

2.1.1　工作背景

集成电路是 20 世纪 50 年代后期至 60 年代发展起来的一种新型半导体器件。它是经过氧化、光刻、扩散、外延、蒸铝等半导体制造工艺，把构成具有一定功能的电路所需的半导体、电阻、电容等元件及它们之间的连接导线全部集成在一小块硅片上，然后焊接封装在一个管壳内的电子器件。其封装外壳有圆壳式、扁平式或双列直插式等多种形式。集成电路技术包括芯片制造技术与设计技术，主要体现在加工设备、加工工艺、封装测试、批量生产及设计创新方面。今天我们将引入集成运算放大器的知识，通过设计和制作符合要求的红外遥控开关发射器来实现发射红外信号的功能。

> **注意：**
>
> 完成本任务的过程中，集成电路的选择、外围元件参数的确定以及电路工作原理的分析等内容都需要同学们细心、耐心，精益求精、一丝不苟，只有这样才能游刃有余地完成工作，落实岗位职责。
>
> 学习榜样：心细如发、条理清晰、严谨判断，任何一点点小错误都会对结果有重大的影响哦！

2.1.2　学习目标

（1）能正确识别 NE555 的引脚，知道其引脚功能。

（2）能正确阐述多谐振荡器的电路结构和工作原理。

（3）能正确分析红外遥控开关发射器的工作原理，了解电路各部分的作用。

（4）能绘制红外遥控开关发射器电路、完成电路仿真和 PCB 设计。

（5）能熟练使用万用表、示波器等仪器仪表进行电路基本参数的测试。

（6）能仔细严谨地完成电路搭建，具备较强的自我管理能力和团队合作意识，拥有较高的分析问题的能力，能以创新的方法解决问题。

2.2　知识储备

红外遥控是指利用红外光波（又称红外线）来传送控制指令的远程控制方式。当按下红外遥控开关发射电路中的按钮后，发射电路产生出调制的脉冲信号，由发光二极管将电信号转换成光信号发射出去。接收电路中的光电二极管将光脉冲信号转换为电信号，经放大、解码后，由驱动电路驱动负载动作。因此，在制作红外遥控开关发射器之前，需要先行了解红外遥控开关发射器的工作原理，以及集成运算放大器的基础知识，以便顺利完成工作任务。

集成运算放大器

2.2.1　集成运算放大器

（一）　什么是集成电路

集成电路简称 IC（Integrated Circuits），是 20 世纪 60 年代初期发展起来的一种半导体器件。集成电路是在半导体制造工艺的基础上，将电路的有源器件（三极管、场效应管等）、无源器件（电阻、电感、电容）及其布线集中制作在同一块半导体基片上，形成紧密联系的一个整体电路。

人们经常以电子器件的每一次重大变革作为衡量电子技术发展的标志。1904 年出现的电子管器件（如真空三极管）称为第一代器件，1948 年出现的半导体器件（如晶体三极管）称为第二代器件，1959 年出现的集成电路称为第三代器件，而 1974 年出现的大规模集成电路，则称为第四代器件。可以预料，随着集成工艺的发展，电子技术将日益广泛地应用于人类社会的各个方面。

（二）　集成电路的特点及分类

与分立元件电路相比，集成电路具有体积小、质量轻、可靠性高、寿命长、速度高、功耗低、成本低等突出特点。

按照不同的标准可将集成电路分成不同种类。

（1）按制造工艺分类。按照集成电路制造工艺的不同可将其分为半导体集成电路（又分为双极型集成电路和 MOS 集成电路）、薄膜集成电路和混合集成电路。

（2）按功能分类。集成电路按其功能的不同，可分为数字集成电路、模拟集成电路和微波集成电路。

（3）按集成规模分类。集成规模又称集成度，是指集成电路内所含元器件的个数。按集成度的大小，集成电路可分为小规模集成电路（SSI），内含元器件数小于 100 个；中规模集成电路（MSI），内含元器件数为 100～1 000 个；大规模集成电路（LSI），内含元器件数为 1 000～10 000 个；超大规模集成电路（VLSI），内含元器件数目在 10 000 至 100 000

之间。集成电路的集成化程度仍在不断地提高，目前已经出现了内含上亿个元器件的集成电路。

（三）集成运放的组成和符号

运算放大器（Operational Amplifier）简称为"运放"，是一种高增益直流放大器，其输出信号可以是输入信号加、减或微分、积分等数学运算的结果，具有高电压增益、高输入电阻和低输出电阻的特点，最初因用在模拟计算机中进行各种数学运算而得名。如果将整个运算放大器制成在一个小硅片上，就成为集成运算放大器（Integrated Operational Amplifier），简称为"集成运放"。

从原理上说，集成运放的内部实质上是一个高放大倍数的直接耦合的多级放大电路。它通常包含 4 个基本组成部分，即输入级、中间级、输出级和偏置电路，如图 2-1 所示。输入级的作用是提供与输出端成同相和反相关系的两个输入端，通常采用差动放大电路，对其要求是温漂要小、输入电阻要大。中间级主要是完成电压放大任务，要求有较高的电压增益，一般采用带有源负载的共射电压放大电路。输出级向负载提供一定的功率，属于功率放大，一般采用互补对称的功率放大器。偏置电路向各级提供稳定的静态工作电流，一般采用电流源。

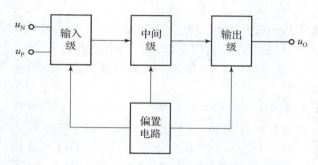

图 2-1　集成运放的组成

集成运放有两个输入端，N 端称为反向输入端，用"-"表示，说明输入信号由此端加入时，由它产生的输出信号与输入信号相位反相；P 端称为同相输入端，用"+"表示，说明输入信号由此端加入时，由它产生的输出信号与输入信号相位相同。集成运放的习惯用符号和国家标准符号分别如图 2-2（a）、（b）所示。

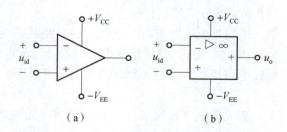

（a）　　　　　　　　　　　　（b）

图 2-2　集成运放的符号
（a）习惯用符号；（b）国家标准符号

（四）集成运放的分类和使用

集成运放种类较多，按性能不同可分为通用型和专用型两大类。专用型又有高阻型、低温漂型、高速型、低功耗型、高压大功率型等。通用型的性能指标比较适中，专用型的某些性能指标比较突出。

使用集成运放时应注意调零、消除自激和保护措施等问题。

1. 调零

实际运算放大器，当输入为零时输出并不为零，采用调零技术可使输入为零时输出也为零。集电极调零电路和基极调零电路分别如图2-3和图2-4所示。

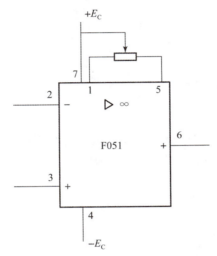

图 2-3 集电极调零电路

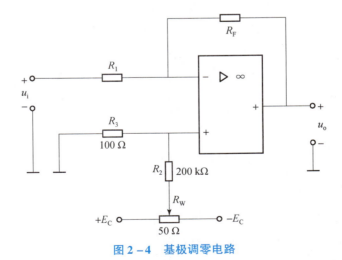

图 2-4 基极调零电路

2. 消除自激

集成运放是多级直接耦合的放大器，因存在着分布电容等分布参数，信号在传输过程中会产生相移，信号频率变化时，相移也变化。当运放闭环（输出端与输入端经过导线、元器件相连）后，会在某些频率上产生自激振荡。为了使放大器工作稳定，通常外接 RC 消振电路或消振电容，用来破坏产生自激振荡的条件。

3. 保护措施

（1）输入端保护。

当输入端所加的电压过高时会损坏输入级的晶体管。如图 2 - 5 所示，在输入端处接入两个反向并联的二极管，将输入电压限制在二极管的正向压降以下。

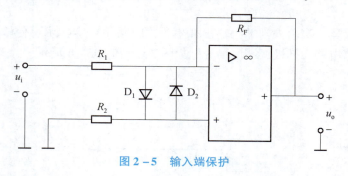

图 2 - 5　输入端保护

（2）输出端保护。

为防止输出电压过大，可利用稳压管来保护，将两个稳压管反向串联，如图 2 - 6 所示，将输出电压限制在 $\pm(U_Z + U_D)$ 范围内，其中，U_Z 是稳压管的稳定电压，U_D 是它的正向管压降。

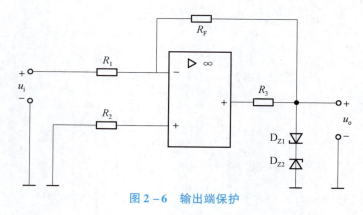

图 2 - 6　输出端保护

（3）电源保护。

电源保护是为了防止正、负电源接反，可用二极管进行保护，如图 2 - 7 所示。

（五）集成运放的主要性能指标

1. 输入失调电压 U_{is}。

对于理想集成运放，当输入电压为零时，输出电压应该为零。但由于制造工艺等原因，实际的集成运放在输入电压为零时，输出电压常不为零。为了使输出电压为零，需在输入端加一适当的直流补偿电压，这个输入电压叫作输入失调电压 U_{is}，其值等于输入电压为零时，输出电压折算到输入端的电压值。U_{is} 一般为毫伏级，它的大小反映了差动输入级的对称程度。失调电压越大，集成运放的对称性越差。

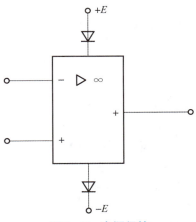

图 2 – 7　电源保护

2. 输入失调电流 I_{is}。

输入失调电流是指输入信号为零时，两个输入端静态电流 I_+ 与 I_- 之差，一般为输入静态偏置电流的十分之一左右。I_{is} 是由差动输入级两个晶体管的 β 值不一致所引起的。

3. 开环电压增益 K_d。

开环电压增益是指集成运放在无外接反馈电路时的差模电压放大倍数，也可用 K_d 的常用对数表示。一般运放的电压增益都很大，为 $60 \sim 100$ dB，高增益运放可达 140 dB（即 10^7）。

4. 输入阻抗 r_i 和输出阻抗 r_o。

输入阻抗 r_i 是指运放开环运用时，从两个输入端看进去的动态阻抗，它等于两个输入端之间的电压 U_i 变化与其引起的输入电流 I_i 的变化之比，即 $r_i = \Delta U_i / \Delta I_i$，$r_i$ 越大越好。双极型晶体管输入级的 r_i 值为 $10^4 \sim 10^6$ Ω，单极型场效应管输入级 r_i 可达 10^9 Ω 以上。输出阻抗 r_o 是指运放开环运用时，从输出端与地端看进去的动态阻抗。一般在几百欧姆之内。

5. 共模抑制比 CMRR。

共模抑制比是指集成运放开环运用时，差模电压放大倍数与共模电压放大倍数之比。CMRR 值越大，抗共模干扰能力越强，一般集成运放的 CMRR 都可达到 80 dB，高质量的集成运放可达 100 dB 以上。

运放还有很多其他指标，如转换速率是指放大器在闭环状态下，输入放大信号时，放大器输出电压对时间的最大变化速率；运放的静态功耗是指没有输入信号时的功耗，通常为数十毫瓦，有些低耗运放，静态功耗可低到 0.1 mW 以下，这个指标对于便携式或植入式医学仪器是很重要的；运放的最大共模输入电压是指运放共模抑制比明显恶化时的共模输入电压值，通常为几伏到十几伏；运放的电源电压，一般从几伏到几十伏。

（六）理想集成运算放大器

1. 理想运放的技术指标

在分析集成运放的各种应用电路时，常常将其中的集成运放看成是一个理想的运算放大器。所谓理想运放就是将集成运放的各项技术指标理想化，即认为集成运放的各项指标为：

（1）开环差模电压增益 $A_{od} = \infty$ ；

（2）差模输入电阻 $R_{id} = \infty$ ；

（3）输出电阻 $R_o = 0$ ；

（4）共模抑制比 $K_{CMR} = \infty$ ；

（5）输入失调电压、失调电流以及它们的零漂均为零。

实际的集成运放当然达不到上述理想化的技术指标。但由于集成运放工艺水平的不断提高，集成运放产品的各项性能指标越来越好。因此，一般情况下，在分析估算集成运放的应用电路时，将实际运放看成理想运放所造成的误差在工程上是允许的。后面的分析中，如无特别说明，均将集成运放作为理想运放进行讨论。

2. 理想运放的两种工作状态

在各种应用电路中，集成运放的工作状态有线性和非线性两种状态，在其传输特性曲线上对应两个区域，即线性区和非线性区，如图 2-8 所示。

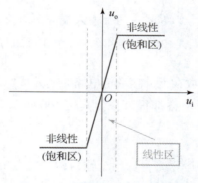

图 2-8　理想运放的工作状态

（1）线性区。

当工作在线性区时，运放的输出电压与两个输入端电压之间存在着线性放大关系，即

$$u_o = A_{od}(u_+ - u_-)$$

理想运放工作在线性区时具有两个重要特点：

①理想运放的差模输入电压 $u_{id} = 0$ 。由于运放工作在线性区，故输出、输入电压关系为 $u_o = A_{od}(u_+ - u_-)$ 。而且，因理想运放的 $A_{od} = \infty$ ，所以 $u_+ - u_- = u_o / A_{od} = 0$ ，即 $u_+ - u_- = 0$ 。这表明同相输入端与反相输入端的电位相等，如同将该两点短路一样，但实际上该两点并未真正被短路，因此常将此特点简称为"虚短"。

实际集成运放的 $A_{od} \neq \infty$ ，因此 u_+ 与 u_- 不可能完全相等。但是当 A_{od} 足够大时，集成运放的差模输入电压 $(u_+ - u_-)$ 的值很小，可以忽略。例如，在线性区内，当 $u_o = 10$ V 时，若 $A_{od} = 10^5$ ，则 $u_+ - u_- = 0.1$ mV；若 $A_{od} = 10^8$ ，则 $u_+ - u_- = 1$ μV。可见，在一定的 u_o 值下，集成运放的 A_{od} 越大，则 $u_+ - u_-$ 的差值越小，将两点视为短路所带来的误差也越小。

②理想运放的输入电流等于零。由于理想运放的差模输入电阻 $R_{id} = \infty$ ，因此在其两个输入端均没有电流，则有 $i_+ = i_- = 0$ 。此时运放的同相输入端和反相输入端的电流都等于

零，如同该两点被断开一样，将此特点简称为"虚断"。

（2）非线性区。

如果运放的工作信号超出了线性放大的范围，则输出电压与输入电压不再满足式 $u_o = A_{od}(u_+ - u_-)$，即 u_o 不再随差模输入电压 $(u_+ - u_-)$ 线性增长，u_o 将达到饱和。

理想运放工作在非线性区时也具有两个重要特点：

①理想运放的输出电压 u_o 只有两种取值：或等于运放的正向最大输出电压 $+U_{OM}$，或等于其负向最大输出电压 $-U_{OM}$。当 $u_+ > u_-$ 时，$u_o = +U_{OM}$；当 $u_+ < u_-$ 时，$u_o = -U_{OM}$。在非线性区内，运放的差模输入电压 $(u_+ - u_-)$ 可能很大，即 $u_+ \neq u_-$。也就是说，此时"虚短"现象不复存在。

②理想运放的输入电流等于零。因为理想运放的 $R_{id} = \infty$，故在非线性区仍满足输入电流等于零，即 $i_+ = i_- = 0$ 对非线性工作区仍然成立。

如上所述，理想运放工作在不同状态时，其表现出的特点也不相同。因此，在分析各种应用电路时，首先必须判断其中的集成运放究竟工作在哪种状态。

集成运放的开环差模电压增益 A_{od} 通常很大，如不采取适当措施，即使在输入端加一个很小的电压，仍有可能使集成运放超出线性工作范围。为了保证运放工作在线性区，一般情况下，必须在电路中引入深度负反馈，以减小直接施加在运放两个输入端的净输入电压。

2.2.2 放大电路中的反馈

放大电路中的反馈

前面学习的放大电路大都是将信号从输入端输入，经放大电路后从输出端送入负载。而在实际应用中，往往将输出量的一部分或者全部又返送回放大电路的输入端，这就是反馈。反馈不仅是改善放大电路性能的重要手段，也是电子技术和自动调节原理中一个基本概念。

（一）反馈的基本概念

凡是将放大电路输出端的信号（电压或电流）的一部分或全部引回到输入端，与输入信号叠加，就称为反馈。若引回的信号削弱了输入信号，就称为负反馈，如图 2-9 所示；若引回的信号增强了输入信号，就称为正反馈。这里所说的信号一般是指交流信号，所以判断正负反馈，就要判断反馈信号与输入信号的相位关系，同相是正反馈，反相是负反馈。

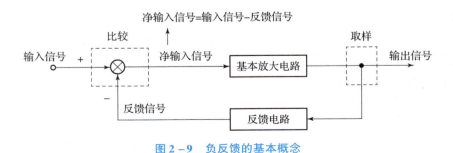

图 2-9 负反馈的基本概念

（二）反馈的分类及判别方法

1. 判断引入反馈的方法

判断反馈的类型之前，首先应清楚如何判断电路中是否引入了反馈。若放大电路中存在将输出回路与输入回路相连接的通路，即反馈电路，并由此影响了放大电路的净输入量，则表明电路中引入了反馈；否则电路中便没有反馈。在图 2 - 10（a）所示电路中，集成运放的输出端与同相输入端、反相输入端均无通路，故电路中没有反馈；在图 2 - 10（b）所示电路中，电阻 R_2 将集成运放的输出端与反相输入端相连接，因而集成运放的净输入量不仅取决于输入信号，还与输出信号有关，所以该电路中引入了反馈；在图 2 - 10（c）所示电路中，虽然电阻 R 跨接在集成运放的输出端与同相输入端之间，但是由于同相输入端接地，所以 R 只不过是集成运放的负载，而不会使 u_o 作用于输入回路，可见电路中没有引入反馈。

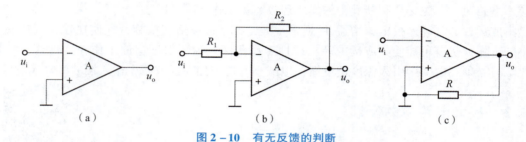

图 2 - 10 有无反馈的判断
（a）没有引入反馈；（b）引入反馈；（c）R 的嵌入没有引入反馈

由以上分析可知，寻找电路中有无反馈通路是判断电路中是否引入反馈的主要方法。只有首先判断出电路中存在反馈，继而才能进一步分析反馈的类型。

2. 反馈的分类与定义

（1）电压反馈和电流反馈。

根据反馈所采样的信号不同，可以分为电压反馈和电流反馈。

①电压反馈：如果反馈信号取自输出电压信号，叫作电压反馈。电压负反馈具有稳定输出电压、减小输出电阻的作用。

②电流反馈：如果反馈信号取自输出电流信号，叫作电流反馈。电流负反馈具有稳定输出电流、增大输出电阻的作用。

（2）串联反馈和并联反馈。

根据反馈信号在输入端与输入信号比较形式的不同，可以分为串联反馈和并联反馈。

①串联反馈：反馈信号与输入信号串联，即反馈信号与输入信号以电压作比较的，叫作串联反馈。

②并联反馈：反馈信号与输入信号并联，即反馈信号与输入信号以电流作比较的，叫作并联反馈。

（3）正反馈和负反馈。

引回信号削弱了输入信号的为负反馈；引回信号增强了输入信号的为正反馈。负反馈分为电压串联负反馈、电压并联负反馈、电流串联负反馈和电流并联负反馈。判断正、负反馈，一般用瞬时极性法。具体方法如下：

①首先假设输入信号某一时刻的瞬时极性为正（用"＋"表示）或负（用"－"表示），"＋"号表示该瞬间信号有增大的趋势，"－"则表示有减小的趋势。

②根据输入信号与输出信号的相位关系，逐步推断电路有关各点此时的极性，最终确定输出信号和反馈信号的瞬时极性。

③再根据反馈信号与输入信号的连接情况，分析净输入量的变化，如果反馈信号使净输入量增强，即为正反馈，反之为负反馈。

3. 判断反馈类型的总结

（1）反馈电路直接从输出端引出的，是电压反馈；从负载电阻的靠近"地"端引出，是电流反馈。

（2）输入信号和反馈信号分别加在两个输入端上的，是串联反馈；加在同一个输入端上的是并联反馈。

（3）反馈信号使净输入信号减小的是负反馈；反馈信号使净输入信号增大的是正反馈。

集成运算放大器负反馈电路有四种基本方式，如图 2 – 11 所示。其中，图 2 – 11（a）为电压并联负反馈；图 2 – 11（b）为电压串联负反馈；图 2 – 11（c）为电流串联负反馈；图2 – 11（d）为电流并联负反馈。

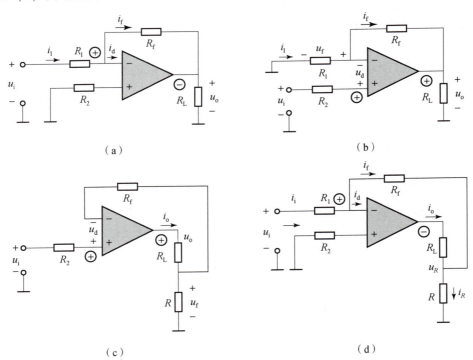

图 2 – 11 运算放大器负反馈的种类

（a）电压并联负反馈；（b）电压串联负反馈；（c）电流串联负反馈；（d）电流并联负反馈

（三）负反馈对放大电路性能的影响

负反馈对放大电路性能的影响，主要表现在以下几个方面。

1. 降低放大倍数

若 A_f 为引入负反馈后的闭环放大倍数，A 为开环放大倍数，F 为反馈系数，可以得到

$$A_f = \frac{A}{1 + AF}$$

可见，$A_f < A$。上式中，$1 + AF$ 称为反馈深度，当 $1 + AF \gg 1$ 时，称放大电路为深度负反馈。

2. 提高稳定性

A_f 的稳定性是 A 的 $(1 + AF)$ 倍。例如，当 A 变化 10% 时，若 $1 + AF = 100$，则 A_f 仅变化 0.1%。

应当指出，A_f 的稳定性是以损失放大倍数作为代价的，即 A_f 减小到 A 的 $(1 + AF)$ 分之一，才使其稳定性提高到 A 的 $(1 + AF)$ 倍。

3. 减小非线性失真

可以证明，在输出信号基波不变的情况下，引入负反馈后，电路的非线性失真减小到原来的 $(1 + AF)$ 分之一。

4. 扩展频带

引入负反馈后，电压放大倍数下降几分之一，通频带就展宽几倍。可见，引入负反馈可以展宽通频带，但这也是以降低放大倍数作为代价的。

5. 改变输入、输出电阻

（1）串联负反馈使输入电阻增大。

在串联负反馈中，由于在放大电路的输入端反馈网络和基本放大电路是串联的，输入电阻的增加是不难理解的。通过分析可知，串联负反馈放大电路的输入电阻

$$R_{if} = (1 + AF)R_i$$

式中，R_i 为基本放大电路的输入电阻，串联负反馈放大电路与基本放大电路相比，输入电阻增大为原来的 $(1 + AF)$ 倍。

（2）并联负反馈使输入电阻减小。

在并联负反馈中，由于在放大电路的输入端反馈网络和基本放大电路是并联的，因而势必造成输入电阻的减小。通过分析可得，并联负反馈放大电路的输入电阻

$$R_{if} = \frac{1}{1 + AF}R_i$$

因此，并联负反馈放大电路与基本放大电路相比，输入电阻减为原来的 $(1 + AF)$ 分之一。

（3）电压负反馈使输出电阻减小。

电压负反馈具有稳定输出电压的作用，即当负载变化时，输出电压的变化很小，这意味着电压负反馈放大电路的输出电阻减小了。若基本放大电路的输出电阻为 R_o，可以证明，电压负反馈放大电路的输出电阻

$$R_{of} = \frac{R_o}{1 + A_s F}$$

式中，A_s 为基本放大电路在输出端开路情况下的源增益。

（4）电流负反馈使输出电阻增大。

电流负反馈具有稳定输出电流的作用，即当负载变化时，输出电流的变化很小，这意味着电流负反馈放大电路的输出电阻增大了。若基本放大电路的输出电阻为 R_o，可以证明，电流负反馈放大电路的输出电阻

$$R_{of} = (1 + A_s F) R_o$$

式中，A_s 为基本放大电路在输出端短路情况下的源增益。

2.2.3　集成运算放大器的线性应用

集成运算放大器作为通用性的器件，它的应用十分广泛，如模拟信号的产生、放大、滤波等。运算放大器有线性和非线性两种工作状态，一般而言，判断运算放大器工作状态的最直接的方法是看电路中引入反馈的极性，若为负反馈，则工作在线性区；若为正反馈或者没有引入反馈（开环状态），则运算放大器工作在非线性状态。

集成运算放大器引入负反馈，可以实现比例、加法、减法、积分、微分等数学运算功能，实现这些运算功能的电路统称为运算电路。在运算电路中，运放工作在线性区，在分析运算电路时，要注意输入方式，利用"虚短"和"虚断"的特点。

比例运算电路的输出电压与输入电压成比例关系，比例电路是最基本的运算电路，它是其他各种运算电路的基础。根据输入信号接法的不同，比例电路有三种基本形式：反相输入、同相输入以及差分输入比例电路。

（一）比例运算电路

1. 反相比例运算电路

反相比例运算电路如图 2-12 所示，其中输入电压 u_i 通过电阻 R_1 接入运算放大器的反相输入端。R_f 为反馈电阻，引入了电压并联负反馈。同相输入端电阻 R_2 接地，为保证运算放大器输入级差动放大电路的对称性，要求 $R_2 = R_1 // R_f$。

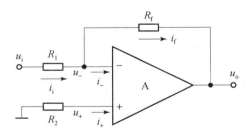

图 2-12　反相比例运算电路

根据前面的分析，该电路的运算放大器工作在线性区，并具有虚短和虚断的特点。由于虚断，故 $i_+ = 0$，即 R_2 上没有压降，则 $u_+ = 0$。又因虚短，可得 $u_+ = u_- = 0$。在反相比例运算电路中，集成运算放大器的反相输入端与同相输入端两点的电位不仅相等，而且均等于零，如同该两点接地一样，这种现象称为虚地。虚地是反相比例运算电路的一个重要特点。

反相比例运算电路的输出电压与输入电压的关系为：

$$u_o = -\frac{R_f}{R_1}u_i$$

式中的负号表示输出电压与输入电压反相。若 $R_f = R_1$，则 $u_o = -u_i$，输出电压与输入电压大小相等，相位相反。这时，反相比例电路只起反相作用，称为反相器。反相放大器是一种电压并联负反馈电路，输出阻抗低。因其反相输入端为虚地，所以该电路的输入电阻是 R_1。

2. 同相比例运算电路

同相比例运算电路如图 2 – 13 所示，运算放大器的反相输入端通过电阻 R_1 接地，同相输入端则通过补偿电阻 R_2 接输入信号，$R_2 = R_1 /\!/ R_f$。电路通过电阻 R_f 引入电压串联负反馈，运算放大器工作在线性区。

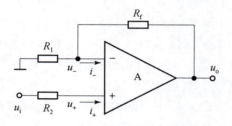

图 2 – 13 同相比例运算电路

同相比例运算电路的输出电压与输入电压的关系为：

$$u_o = \left(1 + \frac{R_f}{R_1}\right)u_i$$

同相比例运算电路的电压放大倍数为：

$$A_{uf} = \frac{u_o}{u_i} = 1 + \frac{R_f}{R_1}$$

A_{uf} 的值总为正，表示输出电压与输入电压同相。当 $R_1 = \infty$ 或 $R_f = 0$ 时，$A_{uf} = 1$，输出电压全部反馈到反相输入端，$u_o = u_i$ 且相位相同，这一电路称为电压跟随器。

3. 差分比例运算电路

前面介绍的反相和同相比例运算电路，都是单端输入放大电路，差分比例运算电路属于双端输入放大电路，其电路如图 2 – 14 所示。为了保证运算放大器两个输入端对地的电阻平衡，同时为了避免降低共模抑制比，通常要求 $R_1 = R_1'$，$R_f = R_f'$。

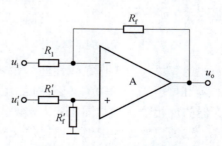

图 2 – 14 差动比例运算电路

差分比例运算电路的输出电压与输入电压的关系为：

$$u_o = -\frac{R_f}{R_1}(u_i - u_i')$$

差分比例运算电路的电压放大倍数为：

$$A_{uf} = \frac{u_o}{u_i - u_i'} = -\frac{R_f}{R_1}$$

差分比例运算电路的差模输入电阻为：

$$R_{if} = 2R_1$$

差分比例运算电路的输出电压与两个输入电压之差成正比，实现了差分比例运算。

（二）加减运算电路

实现多个输入信号按各自不同的比例求和或求差的电路统称为加减运算电路。若所有输入信号均作用于集成运放的同一个输入端，则实现加法运算；若一部分输入信号作用于集成运放的同相输入端，而另一部分输入信号作用于反相输入端，则实现加减运算。

1. 反相加法运算电路

图 2 – 15 所示为有三个输入端的反相加法运算电路。输入电压 u_{i1}、u_{i2} 和 u_{i3} 分别通过电阻 R_1、R_2 和 R_3 同时接到集成运放的反相输入端。为了保证运放两个输入端对地的电阻一致，图中 R' 的阻值应为 $R' = R_1 /\!/ R_2 /\!/ R_3 /\!/ R_f$。

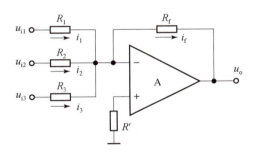

图 2 – 15　反相加法运算电路

三个输入端的反相加法运算电路输出电压为：

$$u_o = -i_f R_f = -\left(\frac{R_f}{R_1}u_{i1} + \frac{R_f}{R_2}u_{i2} + \frac{R_f}{R_3}u_{i3}\right)$$

当 $R_1 = R_2 = R_3 = R$ 时，上式变为：

$$u_o = -\frac{R_f}{R}(u_{i1} + u_{i2} + u_{i3})$$

反相输入加法运算电路的优点是，当改变某一输入回路的电阻时，仅仅改变输出电压与该路输入电压之间的比例关系，对其他各路没有影响，因此调节比较灵活方便。在实际工作中，反相输入方式的加法电路应用比较广泛。

2. 同相加法运算电路

将多个求和输入信号加在集成运放的同相输入端，即可构成同相加法运算电路，如图 2 – 16 所示为有三个输入信号的同相加法运算电路。

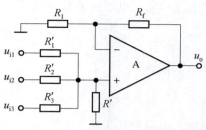

图 2-16　同相加法运算电路

同相加法运算电路的输出电压与各输入电压之间的关系为：

$$u_o = \left(1 + \frac{R_f}{R_1}\right)\left(\frac{R_+}{R_1'}u_{i1} + \frac{R_+}{R_2'}u_{i2} + \frac{R_+}{R_3'}u_{i3}\right)$$

上式中，$R_+ = R_1' /\!/ R_2' /\!/ R_3' /\!/ R'$，也就是说，$R_+$ 与接在运算放大器同相输入端所有各路的输入电阻以及反馈电阻有关，如欲改变某一路输入电压与输出电压的比例关系，则当调节该路输入端电阻时，同时也将改变其他各路的比例关系，故常常需要反复调整，才能最后确定电路的参数，因此估算和调整的过程不太方便。在实际工作中，同相加法电路不如反相加法电路应用广泛。

3. 加减混合运算电路

前面介绍的差动比例运算电路实际上就是一个简单的加减运算电路。如果在差动比例运算电路的同相输入端和反相输入端各输入多个信号，就变成了一般的加减混合运算电路，如图 2-17 所示，图中 $R_N = R_1 /\!/ R_2 /\!/ R_f$，$R_P = R_3 /\!/ R_4 /\!/ R_5$，取 $R_N = R_P$，使电路参数对称。

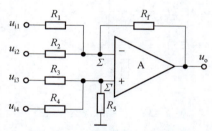

图 2-17　加减混合运算电路

加减混合运算电路输出电压为：

$$u_o = \frac{R_f}{R_3}u_{i3} + \frac{R_f}{R_4}u_{i4} - \frac{R_f}{R_1}u_{i1} - \frac{R_f}{R_2}u_{i2}$$

2.2.4　集成 555 定时器

集成 555 定时器是一种中规模集成电路，如图 2-18 所示。以它为核心，在其外部配上少量阻容元件，就可方便构成多谐振荡器、施密特触发器、单稳态触发器等。由于使用灵活、方便，因此 555 定时器在波形的产生与变换、家用电器、测量与控制等许多领域中都得到应用。

图 2 - 18　集成 555 定时器的外形

（一）电路结构

图 2 - 19（a）所示为集成 555 定时器的电路结构，图 2 - 19（b）是其引脚排列图。集成 555 定时器由 5 个部分组成。

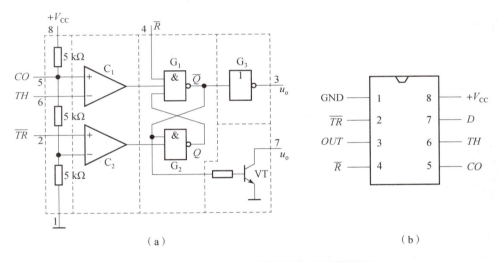

图 2 - 19　集成 555 定时器的结构和引脚排列

（a）电路结构；（b）引脚排列

1. 分压器

三个阻值均为 5 kΩ 的电阻串联起来构成分压器（555 因此而得名），其作用是为后面的电压比较器 C_1 和 C_2 提供参考电压：C_1 的同相输入端 $U_+ = 2V_{CC}/3$，C_2 的反相输入端 $U_- = V_{CC}/3$。如果在电压控制端 CO 另加控制电压，则可改变 C_1、C_2 的参考电压。工作中不使用 CO 端时，一般都通过一个 0.01 μF 的电容接地，以旁路高频干扰。

2. 电压比较器

C_1、C_2 是由运算放大器构成的两个电压比较器。比较器有两个输入端——同相输入端和反相输入端，分别标有 " + " " - " 号，其输入电压分别用 U_+ 和 U_- 表示，当 $U_+ > U_-$ 时，电压比较器输出高电平，当 $U_+ < U_-$ 时，输出低电平。两个输入端基本上不向外电路索取电流，即输入电阻趋于无穷大。

3. 基本 RS 触发器

在电压比较器之后，是由两个与非门组成的基本 RS 触发器，R 是专门设置的可从外部进行置"0"的复位端，当 $\bar{R}$ =0 时，Q =0，$\bar{Q}$ =1。

4. 晶体管开关

晶体管 VT 构成开关，其状态受 $\bar{Q}$ 端控制，当 $\bar{Q}$ 为 0 时 VT 截止，$\bar{Q}$ 为 1 时 VT 导通。

5. 输出缓冲器

输出缓冲器就是接在输出端的反相器 G_3，其作用是提高定时器的带负载能力和隔离负载对定时器的影响。

综上所述，555 定时器不仅提供了一个复位电平为 $2V_{CC}/3$、置位电平为 $V_{CC}/3$、可通过 R 端直接从外部进行置"0"的基本 RS 触发器，而且还给出了一个状态受该触发器 $\bar{Q}$ 端控制的晶体管开关，因此使用起来非常灵活。

（二）基本功能

集成 555 定时器的功能如表 2 – 1 所示。

表 2 – 1 集成 555 定时器的功能

U_{TH}	$U_{\overline{TR}}$	$\bar{R}$	u_o	VT 的状态
×	×	0	U_{OL}	导通
> $2V_{CC}/3$	> $V_{CC}/3$	1	U_{OL}	导通
< $2V_{CC}/3$	> $V_{CC}/3$	1	不变	不变
< $2V_{CC}/3$	< $V_{CC}/3$	1	U_{OH}	截止

（三）集成 555 定时器构成的单稳态触发器

单稳态触发器是一种常用的脉冲整形电路。与一般双稳态触发器不同的是：它只有一个稳态，另外有一个暂稳态。暂稳态是一种不能长久保持的状态，这时电路的电压和电流会随着电容器的充电与放电发生变化，而稳态时电压和电流是不变的。

在单稳态触发器中，当没有外加触发信号时，电路始终处于稳态；只有当外加触发信号时，电路才从稳态翻转到暂稳态，经过一段时间后，又能自动返回到稳态。暂稳态持续时间的长短取决于电路自身参数，与外触发信号无关。

1. 电路结构

将 555 定时器高电平触发端 TH 与 D 端相连后接定时元件 R、C，从低电平触发端 $\overline{TR}$ 加入触发信号 u_i，则构成单稳态触发器，如图 2 – 20（a）所示。

2. 工作原理

设输入信号 u_i 为高电平，且大于 $V_{CC}/3$，输出电压 u_o 为低电平，D 端接通，因而电容两端即使原来电压不为零也会放电至零，即 u_C =0，电路处于稳态。

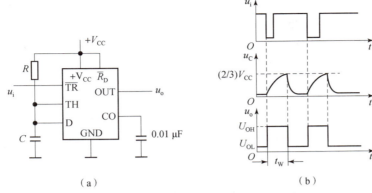

图 2−20　555 定时器组成的单稳态触发器
（a）电路组成；（b）工作波形

当 u_i 由高电平变为低电平且低于 $V_{CC}/3$ 时，u_o 由低电平跃变为高电平，D 端关断，电路进入暂态。此后，电源通过 R 对电容 C 充电，当充电至电容上电压 u_C，也就是高电平触发端的电压 U_{TH} 略大于 $2V_{CC}/3$ 时，u_o 由高电平跃变为低电平，D 端接通，电容通过 D 端很快放电，电路自动返回稳态，等待下一个触发脉冲的到来。u_i、u_C、u_o 的波形如图 2−20（b）所示。

从以上分析可知，单稳态触发器触发脉冲的高电平应大于 $2V_{CC}/3$，低电平应小于 $V_{CC}/3$，且脉冲宽度应小于暂态时间。输出脉冲的宽度 t_W 为暂态时间，它等于电容 C 上电压从 0 开始充电到 $2V_{CC}/3$ 所需的时间，即 $t_W \approx RC \ln3 \approx 1.1RC$。调节 R 和 C 的值可以改变脉冲宽度 t_W，t_W 的值可调范围从几秒到几分钟。

3. 应用举例

单稳态触发器的应用很广泛，因而被做成集成器件。集成单稳态触发器在应用时，只需很少的外围元件，电路可以在多种触发条件下使用，且定时范围宽，电路稳定性好。下面举两个简单的例子。

（1）延时与定时。

前面已经讨论过，单稳态触发器 u_o 的下降沿总滞后于 u_i 的下降沿一个时间 t_W，这正好反映了单稳态触发器的延时作用。

单稳态触发器的输出可以送给与门作为定时控制信号，与门打开的时间是恒定不变的，这就是单稳态触发器输出脉冲的宽度 t_W。

（2）整形电路。

单稳态触发器能够把不规则的输入信号 u_i，整形成为幅度、宽度都相同的"干净"的矩形脉冲 u_o。

（四）集成 555 定时器构成的多谐振荡器

多谐振荡器是一种无稳态电路，在接通电源后，不需要外加触发信号，电路在两个暂稳态之间做交替变化，产生矩形波输出。由于矩形波中除基波

多谐振荡器

外，包含了许多高次谐波，因此这类振荡器被称作多谐振荡器。多谐振荡器常用来作为时钟脉冲源。

1. 电路结构

将 555 定时器的 *TH* 端和 $\overline{TR}$ 端连在一起再外接电阻 R_1、R_2 和电容 C，便构成了多谐振荡器，如图 2-21（a）所示。该电路不需要外加触发信号，加电后就能产生周期性的矩形脉冲或方波。

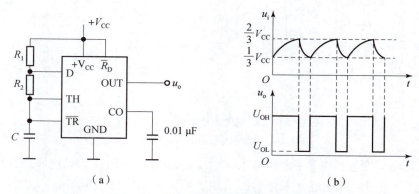

图 2-21　555 定时器组成的多谐振荡器
（a）电路组成；（b）工作波形

2. 工作原理

接通电源，设电容电压 $u_C = 0$，而两个电压比较器的阈值电压分别为 $2V_{CC}/3$ 和 $V_{CC}/3$，所以 $U_{TH} = U_{\overline{TR}} = 0 < V_{CC}/3$，$u_o = U_{OH}$，且 VT 关断。电源对电容 C 充电，充电回路为：$+V_{CC} \rightarrow R_1 \rightarrow R_2 \rightarrow C \rightarrow$ 地。

随着充电过程的进行，电容电压 u_C 上升，当上升到 $2V_{CC}/3$ 时，u_o 从 U_{OH} 跃变为 U_{OL}，且 VT 导通。此后电容 C 放电，放电回路为：$C \rightarrow R_2 \rightarrow$ 放电管 VT $\rightarrow$ 地。

随着放电过程的进行，u_C 下降；当 u_C 下降到 $V_{CC}/3$ 时，u_o 从 U_{OL} 跃变为 U_{OH}，且 VT 再次关断，电容 C 又充电，充电到 $2V_{CC}/3$ 时又开始放电，如此周而复始，电路形成自激振荡。输出电压为矩形波，波形如图 2-20（b）所示。

矩形波的周期取决于电容的充、放电时间常数 τ，其充电的时间常数为 $(R_1 + R_2)C$，放电时间常数约为 R_2C，因而输出脉冲的周期约为：

$$T \approx 0.7(R_1 + 2R_2)C$$

占空比为：

$$q = \frac{R_1 + R_2}{R_1 + 2R_2}$$

3. 应用举例

（1）红外遥控开关发射器就是采用多谐振荡器产生周期性的方波，经红外发射管 LED 调制以不可见红外光波发射出去。

（2）图 2-22（a）所示是用两个多谐振荡器构成的模拟声响电路。若调节定时元件 R_{A1}、R_{B1}、C_1，使振荡器 I 的 $f = 1$ Hz，调节 R_{A2}、R_{B2}、C_2，使振荡器 II 的 $f = 1$ kHz，那么扬声器就会发出 "呜……呜" 的间隙声响。因为振荡器 I 的输出电压 u_{o1} 接到振荡器 II 中 555 定时器的复位端 $\overline{R}$，当 u_{o1} 为高电平时 II 振荡，为低电平时 555 复位，II 停止振荡。电路的工作波形如图 2-22（b）所示。

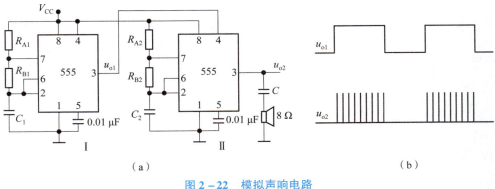

图 2 - 22　模拟声响电路

（a）电路组成；（b）工作波形

2.3　操作实施

2.3.1　红外遥控开关发射器的设计

如图 2 - 23 所示，红外遥控开关发射器实际上是多谐振荡器电路，是一种集 - 基耦合基极定时多谐振荡器。当按下按钮 K 时，电源接通，电路工作。此时，电路具有两种可能的工作状态（VT$_1$ 导通或截止），但这两种状态都是暂稳态，通过电容 C_2 的反向充电，使 VT$_1$ 的基极电压不断变化，促使电路自动翻转，电路每翻转一次，输出信号发生一次跳变，使得输出信号为矩形波。经红外发射管 LED 调制，以不可见的红外光波发射出去。

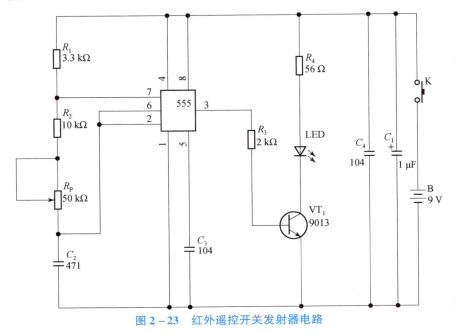

图 2 - 23　红外遥控开关发射器电路

2.3.2　红外遥控开关发射器的制作

根据任务要求，以红外遥控开关发射器电路图为基础，合理选用元器件、焊接电路板并加电测试，填写表 2 - 2 所示工作计划。

表 2 - 2　红外遥控开关发射器电路制作计划

工作内容　　时间					
明确任务目标					
学习基础知识					
绘制电路图					
选用元器件					
焊接电路板					
调试电路板					

（一）选用元器件

依据红外遥控开关发射器电路原理图，挑选并检测符合要求的元器件备用，完成表 2 - 3 所示元器件清单。

表 2 - 3　红外遥控开关发射器电路元器件清单

序号	名称	标称值/型号	个数
1			
2			
3			
4			
5			
6			
7			
8			
9			
10			
11			

续表

序号	名称	标称值/型号	个数
12			
13			
14			
15			

1. 电阻的识读与选用

（1）电阻的分类、特点及用途。

电阻的种类较多，如图 2 - 24 所示。按制作材料不同可分为绕线电阻和非绕线电阻两大类。非绕线电阻因制造材料的不同，有碳膜电阻、金属膜电阻、金属氧化膜电阻、实心碳质电阻等。另外还有一类特殊用途的电阻，如热敏电阻、压敏电阻等。

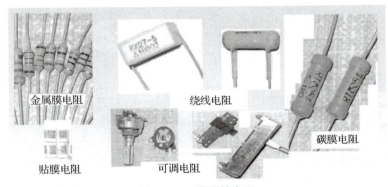

图 2 - 24　常用的电阻

热敏电阻的阻值是随着环境和电路工作温度变化而改变的。它有两种类型，一种是随着温度增加而阻值增加的正温度系数热敏电阻；另一种是随着温度增加而阻值减小的负温度系数热敏电阻。在通信设备和其他设备中作正或负温度补偿，或作测量和调节温度之用。

压敏电阻在各种自动化技术和保护电路的交直流及脉冲电路中，作过压保护、稳压、调幅、非线性补偿之用。特别是对各种电感性电路的熄灭火花和过压保护有良好作用。

（2）电阻的主要参数。

电阻的主要参数是指电阻标称阻值、误差和额定功率。前者是指电阻元件外表面上标注的电阻值（热敏电阻则指 25 ℃时的阻值）；后者是指电阻元件在直流或交流电路中，在一定大气压力和产品标准中规定的温度下（ -55 ~ 125 ℃），长期连续工作所允许承受的最大功率。

（3）电阻的规格标注方法。

电阻的类别、标称阻值及误差、额定功率一般都标注在电阻元件的外表面上，目前常用的标注方法有以下两种。

①直标法：将电阻的类别及主要技术参数直接标注在它的表面上。有的国家或厂家用一些文字符号标明单位，例如 3.3 kΩ 标为 3K3，这样可以避免因小数点面积小，不易看清

的缺点。

②色标法：将电阻的类别及主要技术参数用颜色（色环或色点）标注在它的表面上。碳质电阻和一些小碳膜电阻的阻值和误差，一般用色环来表示（个别电阻也有用色点表示的）。

色标法是在电阻元件的一端画上三道或四道色环，紧靠电阻端的为第一色环，其余依次为第二、三、四色环。对于四色环电阻来说，第一道色环表示阻值第一位数字，第二道色环表示阻值第二位数字，第三道色环表示阻值倍率的数字，第四道色环表示阻值的允许误差。

（4）电阻器的选用方法。

①电阻器类型的选择。

对于一般的电子电路，若没有特殊要求，可选用普通的碳膜电阻器，以降低成本；对于高品质的收录机和电视机等，应选用较好的碳膜电阻器、金属膜电阻器或绕线电阻器；对于测量电路或仪表、仪器电路，应选用精密电阻器；在高频电路中，应选用表面型电阻器或无感电阻器，不宜使用合成电阻器或普通的绕线电阻器；对于工作频率低、功率大、且对耐热性能要求较高的电路，可选用绕线电阻器。

②阻值及误差的选择。

阻值应按标称系列选取。有时需要的阻值不在标称系列，此时可以选择最接近这个阻值的标称值电阻，当然也可以用两个或两个以上的电阻器的串并联来代替所需的电阻器。

误差选择应根据电阻器在电路中所起的作用，除一些对精度有特别要求的电路（如仪器仪表、测量电路等）外，一般电子电路中所需电阻器的误差可选用Ⅰ、Ⅱ、Ⅲ级误差即可。

③额定功率的选择。

电阻器在电路中实际消耗的功率不得超过其额定功率。为了保证电阻器长期使用不会损坏，通常要求选用的电阻器的额定功率高于实际消耗功率的两倍以上。

（5）电位器的选用方法。

①结构和尺寸的选择。

选用电位器时应注意尺寸大小和旋转轴柄的长短，轴端式样和轴上是否需要紧锁装置等。经常调节的电位器，应选用轴端铣成平面的，以便安装旋钮，不经常调整的，可选用轴端带刻槽的；一经调好就不再变动的，可选择带紧锁装置的电位器。

②阻值变化的选择。

用作分压器或示波器的聚焦电位器和万用表的调零电位器时，应选用直线式电位器；收音机的音量调节电位器应选用反转对数式电位器，也可以用直线式代替；音调调节电位器和电视机的黑白对比度调节电位器应选用对数式电位器。

2. 电容的识读与选用

（1）电容的分类、特点及用途。

电容器是通信器材的主要元件之一，在通信方面采用的电容器以小体积为主，大体积的电容器常用于电力方面。

电容器基本上分为固定的和可变的两大类。固定电容器按介质来分，有云母电容器、瓷介电容器、纸介电容器、薄膜电容器（包括塑料、涤纶等）、玻璃釉电容器、漆膜电容器和电解电容器等；可变电容器有空气可变电容器、密封可变电容器两类。半可变电容器又分为瓷介微调、塑料薄膜微调和绕线微调电容器等。

电容按有无极性可分为普通电容和极性电容。普通电容不分正负极，极性电容需要分正负极，焊接时需要注意。短的引脚为负极，长的引脚为正极。或者电容器表面有标识的那端为负极，如图 2－25 所示。

图 2－25   极性电容的外形

（2）电容的主要参数。

电容的主要参数是指额定工作电压、标称容量和允许误差范围、绝缘电阻。额定工作电压是指在规定的温度范围内，电容器在线路中能够长期可靠地工作而不致被击穿所能承受的最大电压（又称耐压）；国家对各种电容器的电容量规定了一系列标准值，称为标称容量，也就是在电容器上所标出的容量。实际生产的电容器的电容量和标称电容量之间总是会有误差；绝缘电阻 R 是指电容器所加直流电压 U 与电容器的漏电电流 I 之比，即 $R = U/I$。

（3）电容的规格标注方法。

电容的规格标注方法，同电阻元件一样，有直标法和色标法两种。

①直标法：将主要参数和技术指标直接标注在电容器表面上。电容的大小读法与电阻数字读法相似，其外体上标注的"ABC"表示 $AB \times 10^C$ pF，如"104"$= 10 \times 10^4$ pF $= 0.1$ μF。

②色标法：与电阻元件的色标法相同。

（4）电容器的故障与检测。

电容器的主要故障有击穿、短路、漏电、容量减小、变质及破损等。检测内容主要包括外观检查、测量漏电电阻、电解电容器的极性检测等。

3. 集成芯片的引脚编号

对于两排直插式集成运放芯片，通常竖着看，左上角为 1 脚。或者有小点标识的为 1 脚，如图 2－26 所示。

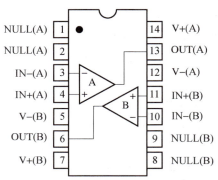

图 2－26   两排直插式芯片的引脚编号

4. 发光二极管的使用

发光二极管（LED）是由含磷、砷、镓等化合物半导体制成的光电子器件。发光二极管具有正负极，正偏（正极电压高于负极电压）时，半导体 PN 结中的电子、空穴复合，以光的形式释放出能量。

（1）极性的直观判断。

①若两引脚长短不同，则引脚较长的为正极。

②若管座上有凸点标记，则凸点处的引脚为正极。

③通过其外表观察内部触片的大小来辨别，小的一侧引脚为正极。

（2）极性的测量观察。

发光二极管的正向工作电压一般为 1.5～1.8 V，正向电阻小于 50 kΩ，反向电阻为 ∞。因此，可以采用数字万用表二极管挡或指针式万用表欧姆挡检测确定发光二极管极性。发光二极管的符号和正向偏置如图 2－27 所示。

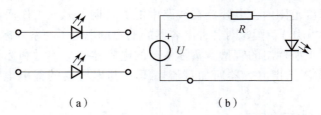

图 2－27 发光二极管的符号和正向偏置
（a）电路符号；（b）正向偏置

（3）使用注意事项。

①发光二极管能够发光，条件是其偏置是正偏，而且达到一定的电压（一般正向电压在 1.4～3 V）。

②发光二极管的发光亮度和通过它的工作电流有关，普通 LED 的工作电流在十几 mA，而低电流 LED 的工作电流在 2 mA 以下（亮度与普通 LED 相同）。

③由于发光二极管的正向伏安曲线较陡，故在应用时，必须串接限流电阻，以免烧坏管子。

（二）焊接电路板

焊接电路板

焊接是使金属连接的一种方法。它利用加热等手段，在两种金属的接触面，通过焊接材料的原子或分子的相互扩散作用，使两金属间形成一种永久的牢固结合。利用焊接的方法进行连接而形成的锡点称为焊点。

1. 焊接时的常用工具

向电路板上焊接元器件时常用到的工具包括电烙铁、吸锡器、镊子、小十字螺丝刀、小一字螺丝刀、偏口钳、扁口钳等，如图 2－28 所示。

2. 电烙铁的选用

合理选用电烙铁对提高焊接质量和效率具有直接的关系。若被焊件较大，使用的电烙铁功率较小，则焊接温度过低，焊料熔化较慢，焊剂不能挥发，焊点不光滑、不牢固，造

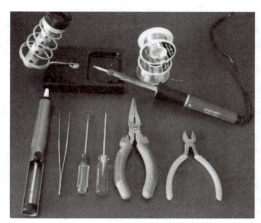

图 2 – 28 焊接时的常用工具

成焊接强度和外观质量不合格，甚至焊料不能熔化，使焊接无法进行；如果电烙铁的功率太大，则使过多的热量传递到被焊工件上面，使元器件的焊点过热，造成元器件损坏，甚至造成印制电路板上的铜箔脱落。

本次焊接中，电烙铁可选用功率为 20 ~ 35 W 的内热式电烙铁，使用过程中应该注意以下事项：

（1）电烙铁在通电使用前，应认真检查电源插头，电源线有无绝缘损坏，并检查烙铁头是否松动。

（2）电烙铁使用中应该防止跌落，不能用力敲击。烙铁头上焊锡过多时不可乱甩，以防烫伤他人。

（3）焊接过程中，不焊时应该将电烙铁放在烙铁架上，注意不要将电源线搭在烙铁头上，以防烫坏绝缘层而引发事故。

3. 电烙铁的握持方式

电烙铁共有三种握持方式，分别是反握法、正握法（又称拳握法）、握笔法，如图 2 – 29 所示。

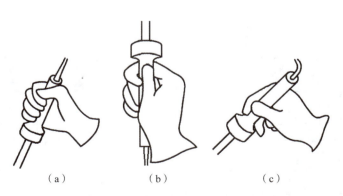

（a） （b） （c）

图 2 – 29 电烙铁的握持方式
（a）反握法；（b）正握法；（c）握笔法

（1）反握法。反握法适合在工作台和面板布线时使用，电烙铁功率一般较大，对热容量较大的被焊工件采用反握法时动作稳定。

（2）正握法（又称拳握法）。正握法适合机架、机框布线的焊接，所使用电烙铁的功率也比较大，且多为弯形烙铁头。

（3）握笔法。握笔法适用于工作台作业。电烙铁的功率一般比较小，用于焊接散热量较小的被焊工件，如焊接收音机、电视机的印制电路板和进行维修焊接等。

4. 焊接操作步骤

根据焊点的大小，焊接用时一般为3~5 s，具体步骤如下。

（1）焊接准备。将电烙铁头和焊锡靠近被焊工件，并对准待焊焊盘和被焊元件的引脚，处于随时可以焊接的状态，如图2-30所示。

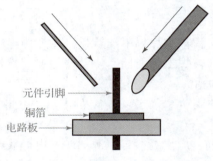

元件引脚

铜箔

电路板

图2-30　焊接准备

（2）加热工件引脚和焊盘。准确地将烙铁头放在被焊工件的引脚和焊盘上进行加热，如图2-31所示。注意，加热方法要正确，即将烙铁头的刃口部位置于引线与焊盘的交界处，以确保被焊工件的引脚和电路板上的焊盘能够充分加热。

（3）熔化焊锡。一手握住电烙铁，另一只手捏住焊锡丝，往烙铁头刃口部对侧的焊盘和引脚上送入适当长度的焊锡丝，使熔化的焊锡润湿整个焊盘和引脚表面，如图2-32所示。注意，不是将焊锡丝直接送到烙铁头上。否则，焊锡丝内部的助焊剂极易燃烧冒烟，引起虚焊。

图2-31　加热工件引脚和焊盘

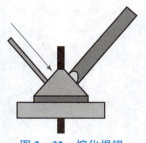

图2-32　熔化焊锡

（4）移开焊锡丝。当熔化的焊锡充分润湿填满焊盘，并均匀地包围元器件引脚后，应沿着引脚向上的方向，迅速地移开焊锡丝，如图2-33所示。注意，从送入焊锡丝到移开焊锡丝是个非常短暂的过程。过早地移开焊锡丝，会使焊点上的焊锡量过少；过晚地移开焊锡丝，会使焊点上的焊锡量过多。所以，需要操作者细心体会，才能真正掌握操作要领。

（5）抬起烙铁头。待焊盘上熔化的焊锡扩展范围达到合格焊点的要求后，沿着元器件引脚向上的方向，迅速抬起烙铁头，如图 2 – 34 所示。注意，撤离烙铁头的过程就是烙铁头刃口的前端紧贴被焊元件的引脚迅速向上滑动的动作。关键是撤离时机的掌握，撤离过早，会造成虚焊、假焊；撤离过晚，会使焊点颜色灰暗或拉尖。

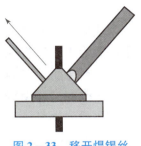

图 2 – 33　移开焊锡丝

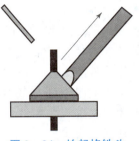

图 2 – 34　抬起烙铁头

5. 对焊接点的基本要求

优良的焊点应是焊锡量集中、适量；焊接牢固可靠（呈浸润型）；焊点表面光滑，大小均匀、完整干净。

（1）焊点要有足够的机械强度，保证被焊件在受振动或冲击时不致脱落、松动。不能用过多焊料堆积，这样容易造成虚焊、焊点与焊点的短路。

（2）焊接可靠，具有良好导电性，必须防止虚焊。虚焊是指焊料与被焊件表面没有形成合金结构，只是简单地依附在被焊金属表面上。

（3）焊点表面要光滑、清洁。焊点表面应有良好光泽，不应有毛刺、空隙，应无污垢，尤其应清除焊剂的有害残留物质，要选择合适的焊料与焊剂。

6. 不合格焊点的修理方法

（1）对不合格"焊点"的修理。采用"重焊"的方法进行修理，即加热不合格焊点，送入新焊锡丝；用烙铁的"刃口"，带走焊点上"多余"焊锡。注意事项："重焊"必须送入"新焊锡丝"，不允许只用烙铁加热"不合格焊点"进行修理。这种方法是利用焊锡丝内部的助焊剂来完成重新焊接。

（2）对"焊点短路"的修理方法。采用"带锡焊"的方法进行修理，即将烙铁的刃口对准"短路"焊点进行加热，送入"新焊锡丝"，当烙铁移动时，确保送入适当长度的焊锡丝，这样在烙铁移动的同时，造成"短路"的多余焊锡，就会被刃口带走。注意，"带锡焊"必须送入"新焊锡丝"，不允许只用烙铁加热"短路点"进行修理。这种方法是利用焊锡丝内部的助焊剂，重新焊接，并带走多余的焊锡。

（三）调试电路板

红外遥控开关的调试中常用的仪器包括万用表、稳压电源、示波器、信号发生器等，调试过程如下。

1. 调试前不加电源的检查

对照电路图和实际线路检查连线是否正确，包括错接、少接、多接等；用万用表电阻挡检查焊接和接插是否良好；元器件引脚之间有无短路，连接处有无接触不良；二极管、三极管、集成电路和电解电容的极性是否正确；电源供电极性、信号源连线是否正确；电源端对地是否存在短路（用万用表测量电阻）。若电路经过上述检查，确认无误后，可转入静态检测与调试。

2. 静态检测与调试

断开信号源，把经过准确测量的电源接入电路，用万用表电压挡监测电源电压，观察有无异常现象，如冒烟、异常气味、手摸元器件发烫、电源短路等。如发现异常情况，立即切断电源，排除故障；如无异常情况，分别测量各关键点直流电压（如静态工作点、数字电路各输入端和输出端的高低电平值与逻辑关系、放大电路输入和输出端直流电压等）是否在正常工作状态下。若不符，可调整电路元器件参数或更换元器件，使电路最终工作在合适的工作状态。对于放大电路还要用示波器观察是否有自激发生。

3. 动态检测与调试

动态调试是在静态调试的基础上进行的，调试的方法是在电路的输入端加上所需的信号源，并循着信号的注射逐级检测各有关点的波形、参数和性能指标是否满足设计要求。如有必要，可对电路参数做进一步调整。发现问题，要设法找出原因，排除故障，继续进行。

4. 调试注意事项

（1）正确使用测量仪器的接地端，仪器的接地端与电路的接地端要可靠连接。

（2）在信号较弱的输入端，尽可能使用屏蔽线连线，屏蔽线的外屏蔽层要接到公共地线上。在频率较高时要设法隔离连接线分布电容的影响，例如用示波器测量时应该使用示波器探头连接，以减少分布电容的影响。

（3）测量电压所用仪器的输入阻抗必须远大于被测处的等效阻抗。

（4）测量仪器的带宽必须大于被测量电路的带宽。

（5）正确选择测量点和测量量程。

（6）认真观察并记录调试过程，包括条件、现象、数据、波形、相位等。

（7）出现故障时要认真查找原因。

> **提示：**
>
> 同学们，当我们进行操作时，需要注意安全操作规范，预见可能遇到的各种情况，养成一丝不苟、认真负责的良好风气。

2.4　结果评价

"红外遥控开关发射器的设计与制作"任务的考核评价如表 2 - 4 所示，包括"职业素养"和"专业能力"两部分。

表 2 – 4　"红外遥控开关发射器的设计与制作"任务评价表

评价项目	评价内容	分值	评分		
			自我评价	小组评价	教师评价
职业素养	遵守纪律，服从教师的安排	5			
	具有安全操作意识，能按照安全规范使用各种工具及设备	5			
	具有团队合作意识，注重沟通、自主学习及相互协作	5			
	完成任务设计内容	5			
	学习准备充足、齐全	5			
	文档资料齐全、规范	5			
专业能力	能正确说出所给典型电路的名称和功能	5			
	能说明电路中主要电子元器件的作用	15			
	电路原理图绘制正确无误，布局合理，构图美观	10			
	PCB 图绘制正确无误，布局和布线合理并符合要求	5			
	能选择正确的元器件，正确焊接电路，焊点符合要求、美观	10			
	能正确校准、使用测量仪器，正确连接测试电路	10			
	在规定时间完成任务	10			
	电路功能展示成功	5			
合计		100			

2.5　总结提升

2.5.1　测试题目

1. 填空题

（1）理想运放的两个输入端分别是_____、_____。

（2）555 定时器内部电路结构一般由_____、_____、_____、_____等部分组成。

（3）焊接电路时，元件的焊接顺序是先焊_____，再焊_____。

（4）单位换算：100 mA = _____ A；47 pF = _____ F；1 s = _____ ms。

2. 选择题

（1）集成运算放大器是（　　）。

A. 直接耦合多级放大器　　　　　　　　B. 阻容耦合多级放大器

C. 变压器耦合多级放大器

（2）理想运算放大器工作在线性区时，运算放大器的同相输入端电压 U_P 和反相输入端电压 U_N 应该满足（　　）的关系。

A. 大小相等，相位相同　　　　　　　　B. 大小不等，相位相同

C. 大小不等，相位不等　　　　　　　　D. 大小相等，相位不等

（3）集成运算放大器的共模抑制比越大，表示该组件（　　）。

A. 差模信号放大倍数越大　　　　　　　B. 带负载能力越强

C. 抑制零点漂移的能力越强

（4）555 定时器电路如图 2 – 35 所示，若要求输出 $u_o = 1$，则 $\bar{R}$、TH、$\overline{TR}$ 的状态应该为（　　）。

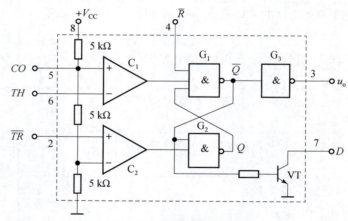

图 2 – 35　555 定时器电路

A. $\bar{R} = 1$，$TH = 1$，$\overline{TR} = 1$　　　　　　B. $\bar{R} = 0$，$TH = 0$，$\overline{TR} = 1$

C. $\bar{R} = 1$，$TH = 0$，$\overline{TR} = 1$　　　　　　D. $\bar{R} = 1$，$TH = 0$，$\overline{TR} = 0$

（5）电路如图 2 – 36 所示，R_f 引入的反馈为（　　）。

A. 电压串联负反馈　　　　　　　　　　B. 电压并联负反馈

C. 电流串联负反馈　　　　　　　　　　D. 电流并联负反馈

（6）电路如图 2 – 37 所示，R_{f2} 引入的反馈为（　　）。

A. 电压串联负反馈　　　　　　　　　　B. 电压并联负反馈

C. 电流串联负反馈　　　　　　　　　　D. 正反馈

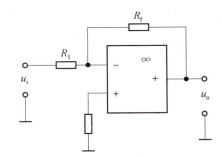

图 2 – 36　负反馈电路

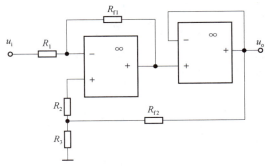

图 2 – 37　反馈电路

（7）通常普通电容上标的"104"是（　　　）。

A. 0.1 μF　　　　　　B. 0.01 μF　　　　　　C. 10×10^4 F

（8）通常普通电容上标的"224"是（　　　）。

A. 224 μF　　　　　　B. 22×10^4 F　　　　　　C. 22×10^4 pF

3. 问答题

（1）求解图 2 – 38 所示各运算电路输出电压与输入电压的运算关系式。

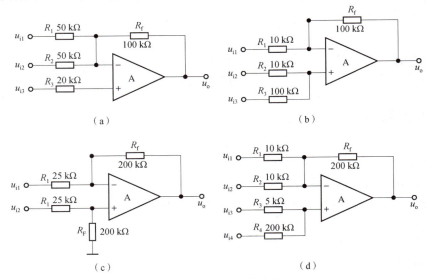

图 2 – 38　集成运算电路

（2）简述理想运算放大器有哪些特点？什么是"虚断"和"虚短"？

（3）在图 2 – 39 所示的由 555 构成的多谐振荡器电路中，已知 $R_1 = 1\ \text{k}\Omega$，$R_2 = 8.2\ \text{k}\Omega$，$C = 0.4\ \mu\text{F}$。试求振荡周期 T、振荡频率 f、占空比 q。

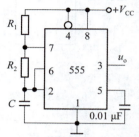

图 2 – 39　多谐振荡器电路

（4）运算放大器电路如图 2 – 40 所示，已知 $R_f = 2R_1$，$U_i = -2\ \text{V}$，求 U_o。

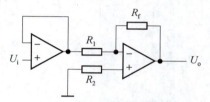

图 2 – 40　集成运算放大器电路

（5）简述对焊接点的基本要求。

（6）如何修理不合格焊点？

（7）如何辨别极性电容的正负极？

（8）电动车的电压是 48 V，串联 10 只 LED 做尾灯，假设每只 LED 的工作电压是 3.3 V，工作电流是 0.02 A，应串接多大的限流电阻？

4. 判断题

（1）运算放大器的输入失调电压 U_{IO} 是两输入端电位之差。　　　　　（　　）

（2）运算电路中一般均引入负反馈。　　　　　　　　　　　　　　（　　）

（3）同相比例运算电路的闭环电压放大倍数一定大于或等于 1。　　（　　）

（4）凡是运算电路都可利用"虚短"和"虚断"的概念求解运算关系。　（　　）

2.5.2　习题解析

1. 填空题

（1）同相输入端，反相输入端

（2）分压器，电压比较器，基本 RS 触发器，反相器

（3）中间，两边

（4）0.1；47×10^{-12}；1 000

2. 选择题

（1）A　　　　（2）A　　　　（3）C　　　　（4）D　　　　（5）A

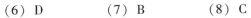

（6）D　　　　（7）B　　　　（8）C

3. 问答题

（1）各运算电路输出电压与输入电压的运算关系式如下：

（a）$u_o = -\dfrac{R_f}{R_1} \cdot u_{i1} - \dfrac{R_f}{R_2} \cdot u_{i2} + \dfrac{R_f}{R_3} \cdot u_{i3} = -2u_{i1} - 2u_{i2} + 5u_{i3}$

（b）$u_o = -\dfrac{R_f}{R_1} \cdot u_{i1} + \dfrac{R_f}{R_2} \cdot u_{i2} + \dfrac{R_f}{R_3} \cdot u_{i3} = -10u_{i1} + 10u_{i2} + u_{i3}$

（c）$u_o = \dfrac{R_f}{R_1}（u_{i2} - u_{i1}）= 8（u_{i2} - u_{i1}）$

（d）$u_o = -\dfrac{R_f}{R_1} \cdot u_{i1} - \dfrac{R_f}{R_2} \cdot u_{i2} + \dfrac{R_f}{R_3} \cdot u_{i3} + \dfrac{R_f}{R_4} \cdot u_{i4} = -20u_{i1} - 20u_{i2} + 40u_{i3} + u_{i4}$

（2）理想运算放大器的特点包括：

①开环差模电压增益 $A_{od} = \infty$；

②差模输入电阻 $R_{id} = \infty$；

③输出电阻 $R_o = 0$；

④共模抑制比 $K_{CMR} = \infty$。

由于两个输入端间的电压为零，$u_+ \approx u_-$ 但又不是真正短路，故称为"虚短"；$i_+ = i_- \approx 0$，输入端相当于断路，而又不是真正断开，故称为"虚断"。

（3）振荡周期：

$$T = T_1 + T_2 = (R_1 + 2R_2)C\ln 2 = 0.69 \times (1\ \text{k}\Omega + 2 \times 8.2\ \text{k}\Omega) \times 0.4\ \mu\text{F} = 4.8\ \text{ms}$$

振荡频率：

$$f = \frac{1}{T} = \frac{1}{4.8\ \text{ms}} = 208\ \text{Hz}$$

占空比：

$$q = \frac{R_1 + R_2}{R_1 + 2R_2} = \frac{1 + 8.2}{1 + 2 \times 8.2} = 53\%$$

（4）$U_{o1} = U_i$，$U_o = -\dfrac{R_f}{R_1} \times U_{o1} = -\dfrac{2R_1}{R_1} \times (-2) = 4（\text{V}）$

（5）对焊接点的基本要求：

①焊点要有足够的机械强度，保证被焊件在受振动或冲击时不致脱落、松动。不能用过多焊料堆积，这样容易造成虚焊、焊点与焊点的短路。

②焊接可靠，具有良好导电性，必须防止虚焊。虚焊是指焊料与被焊件表面没有形成合金结构，只是简单地依附在被焊金属表面上。

③焊点表面要光滑、清洁。焊点表面应有良好光泽，不应有毛刺、空隙，应无污垢，尤其不应有焊剂的有害残留物质，要选择合适的焊料与焊剂。

（6）对不合格"焊点"的修理方法：采用"重焊"的方法进行修理，即加热不合格焊点，送入新焊锡丝，用烙铁的"刀口"，带走焊点上"多余"焊锡。注意事项："重焊"必须送入"新焊锡丝"，不允许只用烙铁加热"不合格焊点"进行修理。这种方法是利用焊锡丝内部的助焊剂来完成重新焊接的。

（7）极性电容需要分正负极，焊接时需要注意。短的引脚为负极，长的引脚为正极，或者电容器表面有标识的那端为负极。

（8）限流电阻的阻值应该为：

$$\frac{48 - 3.3 \times 10}{0.02} = 750(\Omega)$$

4. 判断题

（1）×　　　（2）√　　　（3）√　　　（4）√

任务 3

无线对讲机接收器的分析与制作

3.1 任务描述

3.1.1 工作背景

无线对讲机是最早被人类使用的无线移动通信设备，早在 20 世纪 30 年代就开始得到应用。1936 年美国摩托罗拉公司研制出第一台移动无线电通信产品"巡警牌"调幅车用无线电接收机。随后，在 1940 年，它又为美国陆军通信兵研制出第一台质量为 2.2 kg 的手持式双向无线电调幅对讲机，通信距离为 1.6 km。到了 1962 年，摩托罗拉公司又推出了第一台质量仅为 935 g 的手持式无线对讲机 HT200，其外形被称为"砖头"，大小和早期的大哥大手机差不多。

经过近一个世纪的发展，对讲机的应用已十分普遍，已从专业化领域走向普通消费，从军用扩展到民用。它既是移动通信中的一种专业无线通信工具，又是一种能满足人们生活需要的具有消费类产品特点的消费工具。对讲机是一种一点对多点进行通信的终端设备，可使许多人同时彼此交流，但是在同一时刻只能有一个人讲话。和其他通信方式相比，这种通信方式的特点是：即时沟通、一呼百应、经济实用、运营成本低、不耗费通话费用、使用方便，同时还具有组呼通播、系统呼叫、机密呼叫等功能。在处理紧急突发事件或进行调度指挥中，其作用是其他通信工具所不能替代的。无线对讲机和其他无线通信工具（如手机）的市场定位不同，难以互相取代。无线对讲机不是过时的产品，它将长期使用下去。随着经济的发展和社会的进步，人们更关注自身的安全、工作效率和生活质量，对无线对讲机的需求也将日益增长。

> **注意：**
>
> 完成本任务的过程中，放大电路的选择、元器件参数的确定以及电路工作原理的分析等内容都需要同学们细心、耐心，精益求精、一丝不苟，只有这样才能游刃有余地完成工作，落实岗位职责。
>
> 学习榜样：心细如发、条理清晰、严谨判断，任何一点点小错误都会对结果有重大的影响哦！

3.1.2　学习目标

（1）能正确识别芯片 D1800 的引脚，知道其引脚功能。
（2）能够阐述谐振回路的电路结构和工作原理。
（3）能正确分析无线对讲机接收器的工作原理，了解电路各部分的作用。
（4）能绘制无线对讲机接收器电路、完成电路仿真和 PCB 设计。
（5）能熟练使用万用表、示波器等仪器仪表进行电路基本参数的测试。
（6）能仔细严谨地完成电路搭建，具备较强的自我管理能力和团队合作意识，拥有较高的分析问题的能力，能以创新的方法解决问题。

3.2　知识储备

无线对讲机接收器的分析与设计中常用到 LC 选频网络、高频小信号放大器、调制与解调、混频器、鉴频器以及低频放大器等相关知识。只有真正理解和掌握这些知识，才能正确地分析和设计电路。

3.2.1　高频电路中的元器件

各种高频电路基本上是由无源器件、有源器件和无源网络组成的。高频电路中使用的元器件与低频电路中使用的元器件频率特性是不同的。高频电路中无源器件主要是电阻（器）、电容（器）和电感（器）；高频电路中完成信号的放大、非线性变换等功能的有源器件主要是二极管、三极管和集成电路。

（一）无源器件

1. 电阻器

一个实际的电阻器，在低频时主要表现为电阻特性，但在高频使用时不仅表现有电阻特性，而且还表现有电抗特性。电阻器的电抗特性反映的就是其高频特性。电阻的高频等效电路如图 3–1 所示。其中，C_R 为分布电容，L_R 为引线电感，R 为等效电阻。

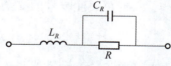

图 3–1　电阻的高频等效特性

2. 电容器

由介质隔开的两导体构成电容器。一个理想电容器的容抗为 $1/(j\omega C)$，实际电容的高频等效电路如图 3–2（a）所示，其中 R_C 为损耗电阻，L_C 为引线电感。电容器的容抗与频率的关系如图 3–2（b）实线所示，其中 f 为工作频率 $\omega = 2\pi f$。

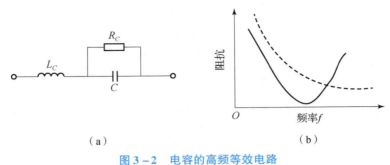

图 3－2　电容的高频等效电路

（a）电容器的等效电路；（b）电容器的阻抗特性

3. 电感器

理想电感器 L 的感抗为 $j\omega L$，其中 ω 为工作角频率。实际电感线圈在高频频段除表现出电感 L 的特性外，还具有一定的损耗电阻 r 和分布电容。在分析一般长、中、短波频段电路时，通常忽略分布电容的影响。因而，电感线圈的等效电路可以表示为电感 L 和电阻 r 串联。

（二）有源器件

1. 二极管

半导体二极管在高频中主要用于检波、调制、解调及混频等非线性变换电路中，工作在低电平。半导体二极管主要有点接触型二极管和表面肖特基二极管。常用的点接触型二极管（如 2AP 系列），其工作频率可达 100～200 MHz；而肖特基二极管，其工作频率可高至微波范围。

另一种在高频中应用很广的二极管是变容二极管，其特点是电容随偏置电压变化。将它用于振荡回路中，可以做成电调谐器，也可以构成自动调谐电路等。变容管若用于振荡器中，可以通过改变电压来改变振荡信号的频率，称为压控振荡器（VCO）。电调谐器和压控振荡器都广泛用于电视接收机的高频头中。还有一种以 P 型、N 型和本征（I）型三种半导体构成的 PIN 二极管，它具有较强的正向电荷储存能力。它的高频等效电阻受正向直流电流的控制，是一种可调电阻。它在高频及微波电路中可以用作电可控开关、限幅器、电调衰减器或电调移相器。

2. 晶体三极管与场效应管（FET）

在高频中应用的晶体三极管仍然是双极型晶体管和各种场效应管，它们在外形结构方面有所不同。高频晶体三极管有两大类型：一类是作小信号放大的高频小功率管，对它们的主要要求是高增益和低噪声；另一类为高频功率管，其在高频工作时允许有较大管耗，且能输出较大功率。

目前双极型小信号放大管，工作频率可达几 GHz，噪声系数为几分贝。小信号的场效应管也能工作在同样高的频率，且噪声更低。一种称为砷化镓的场效应管，其工作频率可达十几 GHz 以上。

在高频大功率晶体三极管方面，在几百 MHz 以下频率，双极型晶体管的输出功率可达十几瓦至上百瓦。而金属氧化物场效应管（MOSFET），甚至在几 GHz 的频率上还能输出几瓦功率。

3. 集成电路

用于高频的集成电路的类型和品种主要分为通用型和专用型两种。通用型的宽带集成放大器，工作频率可达一二百兆赫兹，增益可达五六十分贝，甚至更高。用于高频的晶体管模拟乘法器，工作频率也可达一百兆赫兹以上。高频专用集成电路（ASIC）主要包括集成锁相环、集成调频信号解调器、单片集成接收机以及电视机中的专用集成电路等。

3.2.2 谐振回路

谐振回路

谐振回路也称振荡回路，是最常用的选频网络，它是由电感和电容串联或并联形成的回路。只有一个回路的振荡电路称为简单振荡回路或单振荡回路。简单振荡回路的阻抗在某一特定频率上具有最小或最大值的特性称为谐振特性，这个特定频率称为谐振频率。简单振荡回路分为串联谐振和并联谐振两种类型，具有谐振特性和频率选择作用。这是它在高频电子线路中得到广泛应用的重要原因。

（一）串联谐振回路

图 3-3 所示是最简单的串联谐振回路。图中 r 是电感线圈 L 中的电阻，r 通常很小，可以忽略，C 为电容，由于电容器的损耗较小，其损耗电阻可以略去。

图 3-3　串联谐振回路

振荡回路的谐振特性可以从它们的阻抗频率特性看出来。对于图 3-3 所示的串联振荡回路，当信号角频率为 ω 时，其串联阻抗为：

$$Z_\text{S} = r + \mathrm{j}\omega L + \frac{1}{\mathrm{j}\omega C} = r + \mathrm{j}\left(\omega L - \frac{1}{\mathrm{j}\omega C}\right)$$

1. 串联谐振回路的特性

回路电抗 $X = \omega L - 1/(\omega C)$，回路阻抗的模 $|Z_\text{S}|$ 和幅角随 ϕ 变化的曲线如图 3-4 所示。

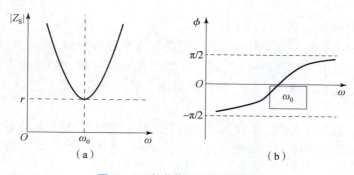

图 3-4　串联谐振回路的特性

（a）幅频特性；（b）相频特性

由图 3 – 4 可知，当 $\omega < \omega_0$ 时，回路呈容性，$|Z_s| > r$；当 $\omega > \omega_0$ 时，回路呈感性，$|Z_s| > r$；当 $\omega = \omega_0$ 时，感抗和容抗相等，$|Z_s|$ 最小，并为纯电阻 r，称此时发生了串联谐振，且串联谐振角频率 ω_0 为：

$$\omega_0 = \frac{1}{\sqrt{LC}}$$

串联谐振频率 ω_0 是串联振荡回路的一个重要参数。

2. 谐振时电路的电流

若在串联振荡回路两端加一恒压信号 $\dot{U}$，则发生串联谐振时因阻抗最小，流过电路的电流最大，称为谐振电流，其值为：

$$\dot{I} = \frac{\dot{U}}{R}$$

在任意频率下的回路电流与谐振电流之比为：

$$\frac{\dot{I}}{\dot{I}_0} = \frac{\dfrac{\dot{U}}{Z_s}}{\dfrac{\dot{U}}{r}} = \frac{r}{Z_s} = \frac{1}{1 + j\dfrac{\omega L - \dfrac{1}{\omega C}}{r}} = \frac{1}{1 + j\dfrac{\omega_0 L}{r}\left(\dfrac{\omega}{\omega_0} - \dfrac{\omega_0}{\omega}\right)} = \frac{1}{1 + jQ\left(\dfrac{\omega}{\omega_0} - \dfrac{\omega_0}{\omega}\right)}$$

其模为：

$$\frac{I}{I_0} = \frac{1}{\sqrt{1 + Q^2\left(\dfrac{\omega}{\omega_0} - \dfrac{\omega_0}{\omega}\right)^2}}$$

其中，

$$Q = \frac{\omega_0 L}{r} = \frac{1}{\omega_0 Cr}$$

Q 被称为回路的品质因数，它是回路的特性阻抗与回路固有损耗电阻的比值，是振荡回路的另一个重要参数。串联谐振回路的电流谐振曲线如图 3 – 5 所示。由图可知回路的品质因数越高，谐振曲线越尖锐，回路选择性越好。

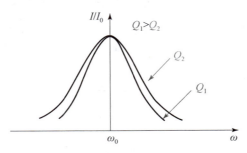

图 3 – 5　串联谐振回路的电流谐振曲线

3. 谐振时电路的端电压

在串联回路中，电阻、电感、电容上的电压值与电抗值成正比，因此串联谐振时电感及电容上的电压最大，其值为电阻上电压值的 Q 倍，也就是恒压源的电压值的 Q 倍。发生谐振的物理意义是，电容和电感中储存的最大能量相等。

在实际电路中 Q 一般取值较大，串联谐振时，电感和电容上的电压往往高出电源电压很多倍。因此，串联谐振常称为电压谐振。实际电路中，应特别注意电感、电容元件的耐压问题。

4. 串联谐振回路的通频带

在实际应用时，外加的频率 ω 与回路谐振频率 ω_0 之差 $\Delta\omega = \omega - \omega_0$ 表示频率 ω 偏离谐振频率 ω_0 的程度，称为失谐。当保持外加信号的幅值不变而改变其频率时，将回路电流值下降为谐振值的 0.707 倍时所对应的频率范围称为回路的通频带，亦称回路带宽，通常用 f_{BW} 表示。

$$f_{BW} = 2\Delta f_{0.707} = \frac{f_0}{Q}$$

应当指出，以上所用到的品质因数都是指回路没有外加负载时的值，称为空载 Q 值或 Q_0，当回路有外加负载时，品质因数要用有载 Q 值或 Q_L 来表示。

串联振荡回路的相位特性与其幅角特性相反。在谐振时，回路中的电流、电压关系如图 3 – 6 所示。图中 $\dot{U}$ 与 $\dot{I}_0$ 同相，$\dot{U}_L$ 和 $\dot{U}_C$ 分别为电感和电容上的电压。由图可知，$\dot{U}_L$ 和 $\dot{U}_C$ 反相。

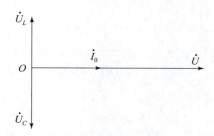

图 3 – 6　串联电路在谐振时的电压、电流关系

（二）并联谐振回路

并联谐振回路是由电感线圈和电容器并联组成的，电路如图 3 – 7 所示。r 和 L 分别是电感线圈的电阻和电感，电容器损耗较小，故电容支路认为只有纯电容。为便于与串联谐振电路比较，对并联谐振电路中的特性阻抗、品质因数的定义与串联谐振电路相同。

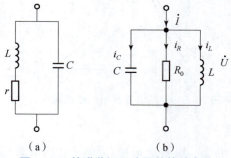

（a）　　　　　　　　　　　（b）

图 3 – 7　并联谐振回路及其等效电路

（a）并联谐振回路；（b）等效电路

并联谐振回路的并联阻抗为：

$$Z_{\mathrm{p}} = \frac{(r + \mathrm{j}\omega L)\dfrac{1}{\mathrm{j}\omega C}}{r + \mathrm{j}\omega L + \dfrac{1}{\mathrm{j}\omega C}} = \frac{L}{Cr} \cdot \frac{1 - \mathrm{j}\dfrac{r}{\omega L}}{1 + \mathrm{j}\left(\dfrac{\omega L}{r} - \dfrac{1}{\omega Cr}\right)}$$

1. 并联谐振回路的特性

谐振时，回路阻抗为纯电阻，回路端电压与总电流同相，在 $Q \gg 1$ 时，回路阻抗为最大值，回路导纳为最小值。回路阻抗的模 $|Z_{\mathrm{p}}|$ 和幅角随 ϕ 变化的曲线如图 3-8 所示。

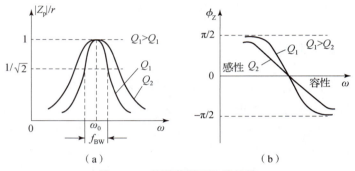

（a）　　　　　　　　　　　　　　（b）

图 3-8　并联谐振回路的特性

（a）阻抗特性；（b）幅角特性

并联谐振回路的谐振阻抗的模值记作 $|Z_0|$：

$$|Z_0| = \frac{1}{|Y|} = \frac{1}{G} = \frac{r^2 + (\omega_0 L)^2}{r} \approx \frac{(\omega_0 L)^2}{r} = Q\omega_0 L = Q^2 r$$

实际中 $Q \gg 1$，所以并联谐振电路的谐振阻抗都很大，一般为几十千欧至几百千欧。

2. 谐振时电路的端电压

若并联谐振电路外接电流源，由于谐振时阻抗的模值最大，所以电路的端电压最大。并联谐振回路的电压谐振曲线如图 3-9 所示。

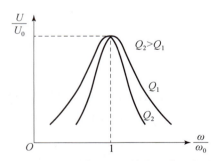

图 3-9　并联谐振回路的电压谐振曲线

3. 谐振时电路的电流

谐振时电感支路和电容支路的电流分别为：

$$\dot{I}_{c0} = \frac{\dot{U}_0}{\dfrac{1}{\mathrm{j}\omega_0 C}} = \mathrm{j}\omega_0 C \dot{U}_0 = \mathrm{j}Q\dot{I}_0$$

$$\dot{I}_{L0} = \frac{\dot{U}_0}{r + j\omega_0 L} \approx \frac{\dot{U}_0}{j\omega_0 L} = \dot{I}_0 Q \omega_0 L (-j) \frac{1}{\omega_0 L} = -j \dot{I}_0 Q$$

并联谐振时，在 $Q \gg 1$ 的条件下，电容支路电流和电感支路电流的大小近似相等，是总电流 I_0 的 Q 倍，所以并联谐振又称为电流谐振。两条支路的电流的相位近似相反。

$$I_{C0} \approx I_{L0} = QI_0$$

4. 并联谐振回路的通频带

在电压谐振曲线上 $U \geqslant 2U_0$ 的频率范围称为该回路的通频带，用 f_{BW} 表示。

$$f_{BW} = f_2 - f_1 = 2\Delta f \frac{f_0}{Q}$$

高频小信号放大器

3.2.3　高频小信号放大器

放大高频小信号（中心频率在几百千赫到几百兆赫）的放大器称为高频小信号放大器。高频小信号放大器若按器件分类可分为晶体管放大器、场效应管放大器和集成电路放大器；若按通频带分类可分为窄带放大器和宽带放大器；若按负载分类可分为谐振放大器和非谐振放大器。谐振放大器是采用具有谐振性质的元件（如 LC 谐振回路）作为负载的放大器，又称调谐放大器。由于负载的谐振特性，高频小信号调谐放大器不但具有放大作用，而且具有选频作用。

（一）高频小信号放大器的质量指标

1. 增益（放大倍数）

放大器输出电压 U_o（或功率 P_o）与输入电压 U_i（或功率 P_i）之比，称为放大器的增益或放大倍数，用 A_u（或 A_p）表示（有时以 dB 数计算）。

电压增益：

$$A_u = \frac{U_o}{U_i} \quad \text{或} \quad A_u = 20 \lg \frac{U_o}{U_i} (\text{dB})$$

功率增益：

$$A_p = \frac{P_o}{P_i} \quad \text{或} \quad A_p = 20 \lg \frac{P_o}{P_i} (\text{dB})$$

2. 通频带

放大器的电压增益下降到最大值的 0.707（即 $1/\sqrt{2}$）倍时，所对应的频率范围称为放大器的通频带，用 $f_{BW} = 2\Delta f_{0.707}$ 表示，如图 3 - 10 所示。

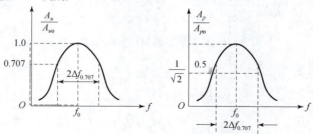

图 3 - 10　高频小信号放大器的通频带

由于放大器所放大的一般都是已调制的信号，已调制的信号都包含一定的频谱宽度，所以放大器必须有一定的通频带，以便让必要信号中的频谱分量通过放大器。

与谐振回路相同，放大器的通频带取决于回路的形式和回路的等效品质因数 Q_L。此外，放大器的总通频带，随着级数的增加而变窄。并且，通频带越宽，放大器的增益越小。

3. 选择性

从各种不同频率信号的总和（有用的和有害的）中选出有用信号，抑制干扰信号的能力称为放大器的选择性，选择性常采用矩形系数和抑制比来表示。

（1）矩形系数。

按理想情况，谐振曲线应为一矩形。即在通频带内放大量均匀，在通频带外不需要的信号得到完全衰减。但实际上不可能，为了表示实际曲线接近理想曲线的程度，引入"矩形系数"，它表示对邻道干扰的抑制能力。矩形系数定义如下：

$$K_{r0.1} = \frac{2\Delta f_{0.1}}{2\Delta f_{0.707}} \text{和} K_{r0.01} = \frac{2\Delta f_{0.01}}{2\Delta f_{0.707}}$$

其中，$\Delta f_{0.1}$ 和 $\Delta f_{0.01}$ 分别为放大倍数下降至 0.1 和 0.01 处的带宽，K_r 越接近于 1 越好。

（2）抑制比。

抑制比表示对某个干扰信号 f_n 的抑制能力，用 d_n 表示。

$$d_n = \frac{A_{u0}}{A_n}$$

式中，A_n 为干扰信号的放大倍数，A_{u0} 为谐振点 f_0 的放大倍数。

4. 工作稳定性

工作稳定性指在电源电压变化或器件参数变化时，增益、通频带、选择性这三个参数的稳定程度。一般的不稳定现象是增益变化、中心频率偏移、通频带变窄等，不稳定状态的极端情况是放大器自激，致使放大器完全不能工作。为使放大器稳定工作，必须采取稳定措施，即限制每级增益，选择内反馈小的晶体管等。

5. 噪声系数

放大器的噪声性能可用噪声系数表示：

$$N_F = \frac{P_{si}/P_{ni}}{P_{so}/P_{no}} = \frac{输入信噪比}{输出信噪比}$$

N_F 越接近 1 越好，在多级放大器中，前两级的噪声对整个放大器的噪声起决定作用，因此要求它的噪声系数应尽量小。

以上这些指标，相互之间既有联系又有矛盾。增益和稳定性是一对矛盾，通频带和选择性是一对矛盾。因此应根据需要决定主次，进行分析和讨论。

（二）宽带放大器和扩展通频带的方法

随着电子技术的发展及其应用日益广泛，被处理信号的频带越来越宽。例如，模拟电视接收机里的图像信号所占频率范围为 0～6 MHz，而雷达系统中信号的频带可达几千兆赫。要放大如此宽的频带信号，以前所介绍的许多放大器是不能胜任的，必须采用宽带放大器。按照所要放大信号的强弱，宽带放大器可分为小信号宽带放大器和大信号宽带放大器。

1. 宽带放大器的特点

宽带放大器由于待放大的信号频率很高，频带又很宽，因此有着下述与低频放大器和窄带谐振放大器不同的特点。

（1）三极管采用 f_T 很高的高频管，分析电路时必须考虑三极管的高频特性。

（2）对于电路的技术指标要求高。例如，视频放大器放大的是图像信号，它被送到显像管显示，由于接收这个信号时，人的眼睛对相位失真很敏感，因此对视频放大器的相位失真应提出较严格的要求。而在低频放大器中，接收信号的往往是对相位失真不敏感的耳朵，故不必考虑相位失真问题。

（3）负载为非谐振的。由于谐振回路的带宽较窄，所以不能作为带宽放大器的负载，即它的负载只能是非谐振的。

2. 扩展通频带的方法

要得到频带较大的放大器，必须提高其上限截止频率。为此，除了选择 f_T 足够高的管子和高速宽带的集成运放等器件外，还广泛采用组合电路和负反馈等方法。

（1）组合电路法。

影响放大器的高频特性除器件参数外，还与三极管的组态有关。不同组态的电路具有不同的特点。因此，如果将不同组态电路合理地混合连接在一起，就可以提高放大器的上限截止频率，扩展其通频带，这种方法称为组合电路法。组合电路的形式很多，如图 3 - 11 所示，常用的是"共射 - 共基"和"共集 - 共射"两种组合电路。

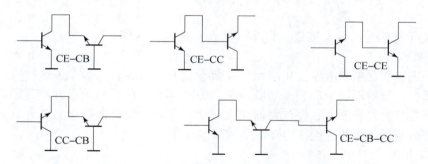

图 3 - 11　常见组合电路形式

（2）负反馈法。

引入负反馈可扩展放大器的通频带，而且反馈越深，通频带扩展得越宽。利用负反馈技术来扩展放大器的通频带，被广泛应用于宽带放大器。但是引入负反馈容易造成放大器工作的不稳定，甚至出现自振荡，这是必须注意的问题。

常用的单级负反馈是电流串联负反馈和电压并联反馈，也可以采用交替负反馈电路，即由单级负反馈电路组成多级宽带放大器时，若前级采用电流串联负反馈，则后级应采用电压并联负反馈；反之，若前级采用电压并联负反馈时，则后级应采用电流串联负反馈。

在多级宽带放大器中，为了加深反馈，使频带扩展得到更宽一些，可采用两级放大器的级间反馈方式，常用的有两级电流并联负反馈放大器和两级电压串联负反馈放大器。

（3）集成宽带放大器。

随着电子技术的发展，宽带放大已实现集成化。集成宽带放大器性能优良，使用方便，已得到广泛的应用。

（三）　单调谐高频小信号放大器

1. 电路组成

单调谐高频小信号放大器的电路如图 3 – 12 所示。图中，V_{CC}、R_{b1}、R_{b2}、R_e 组成稳定工作点的分压式偏置电路，C_e 为高频旁路电容，初级电感 L 和电容 C 组成的并联谐振回路作为放大器的集电极负载。可以看出，三极管的输出端采用了部分接入的方式，以减小它们的接入对回路 Q 值和谐振频率的影响（即 Q 值下降、增益减小、谐振频率变化），从而提高了电路的稳定性，且使前后级的阻抗匹配。

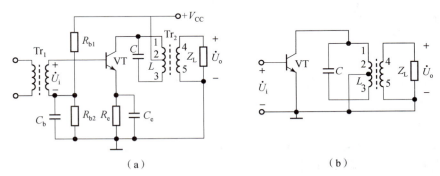

图 3 – 12　单调谐高频小信号放大器

（a）基本电路；（b）交流电路

2. 性能指标分析

集电极负载为 LC 并联谐振回路，单调谐放大器的谐振曲线与理想谐振曲线的形状相差很大，所以单调谐放大器只能用于对通频带和选择性要求不高的场合。

（1）谐振频率：

$$f_0 = \frac{1}{2\pi\sqrt{LC_\Sigma}}$$

其中，C_Σ 为等效回路的总电容。

（2）通频带：

$$f_{BW0.707} = \frac{f_0}{Q_e}$$

其中，$Q_e = \dfrac{R_\Sigma}{\omega_0 L} = R_\Sigma \omega_0 C_\Sigma$ 为回路的有载品质因数。

（3）矩形系数：

$$K_{0.1} = \frac{f_{BW0.1}}{f_{BW0.707}} \approx 9.95$$

其矩形系数远大于 1，选择性较差。

（四）　双调谐高频小信号放大器

1. 电路组成

双调谐高频小信号放大器的电路如图 3 – 13 所示。图中，R_{b1}、R_{b2} 和 R_e 组成分压式偏置电路，C_e 为高频旁路电容，Z_L 为负载阻抗（或下级输入阻抗），Tr_1、Tr_2 为高频变压器，其中 Tr_2 的初、次级电感 L_1、L_2 分别与 C_1、C_2 组成的双调谐耦合回路作为放大器的集电极负载，三极管的输出端在初级回路的接入系数为 p_1，负载阻抗在次级回路的接入系数为 p_2。

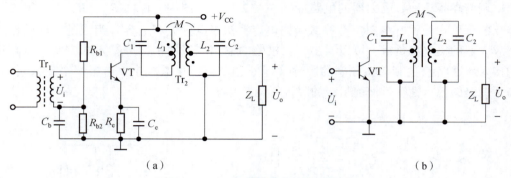

（a）   （b）

图 3 – 13　双调谐高频小信号放大器
（a）基本电路；（b）交流通路

2. 性能指标分析

集电极负载为 LC 并联谐振回路，单调谐高频小信号放大器的谐振曲线与理想谐振曲线的形状相差很大，所以单调谐高频小信号放大器只能用于对通频带和选择性要求不高的场合。

（1）双调谐高频小信号放大器在临界耦合的条件下谐振电压增益是单调谐的二分之一。

（2）通频带：

$$f_{BW0.707} = \sqrt{2}\,\frac{f_0}{Q_e}$$

（3）矩形系数：

$$K_{0.1} = \frac{f_{BW0.1}}{f_{BW0.707}} \approx 3.16$$

因此，在 f_0 与 Q_e 相同的情况下，临界耦合状态的双调谐高频小信号放大器的通频带为单调谐高频小信号放大器通频带的 2 倍，而矩形系数小于单调谐高频小信号放大器的矩形系数，即其谐振曲线更接近于理想的矩形曲线，选择性更好。

总之，与单调谐高频小信号放大器相比较优，处于临界耦合状态的双调谐高频小信号放大器具有频带宽、选择性好等优点，但调谐较麻烦。

（五）集成中频放大器

集中选频式放大器是采用集中滤波和集中放大相结合的小信号谐振放大器，由于这种放大器多用于中频放大，故常称为集成中频放大器，集成中频放大器克服了分散选频放大器的缺点，正越来越得到广泛的应用。

1. 集成中频放大器的组成

集成中频放大器是由集成宽带放大器的集中滤波器组成的，如图 3 – 14 所示。其中，图 3 – 14（a）中的集中滤波器接在集成宽带放大器的后面，图 3 – 14（b）中的集中滤波器则接在集成宽带放大器的前面，无论采用哪一种形式，集成宽带放大器的频带应比放大信号的频带和集中滤波器的频带更宽一些。

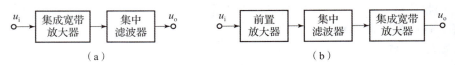

图 3 – 14　集成中频放大器的组成

（a）集中滤波器在集成宽带放大器后面；（b）集中滤波器在集成宽带放大器前面

集中滤波器的任务是选频，要求在满足通频带指标的同时，矩形系数要好。其主要类型有集中 LC 滤波器、陶瓷滤波器和声表面波滤波器等。后面两种集中滤波器目前应用得很广泛。

2. 陶瓷滤波器

陶瓷滤波器是由锆钛酸铅陶瓷材料制成的，把这种材料制成片状，两面覆盖银层作为电极，经过直流高压极化后，它具有压电效应。所谓压电效应是指，当陶瓷片受机械力作用而发生形变时，陶瓷片内将产生一定的电场，且它的两面出现与形变大小成正比的符号相反、数量相等的电荷；反之，若在陶瓷片两面之间加一电场，就会产生与电场强度成正比的机械形变。陶瓷片具有串联谐振特性，可用它来制作滤波器。

（1）两端陶瓷滤波器。使用单个陶瓷片就可以构成两端陶瓷滤波器，其结构、符号、等效电路如图 3 – 15 所示。

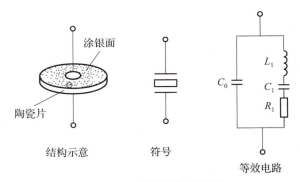

图 3 – 15　两端陶瓷滤波器

（2）三端陶瓷滤波器。两端陶瓷滤波器的通频带较窄，选择性较差。为此，可将不同谐振频率的陶瓷片进行适当的组合连接，就得到性能接近理想的三端陶瓷滤波器，如图 3 – 16 所示。

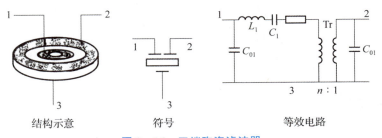

图 3 – 16　三端陶瓷滤波器

陶瓷滤波器的工作频率可从几百千赫到几百兆赫，带宽可以做得很窄，其等效 Q 值为几百，它具有体积小、成本低、耐热耐湿性好、受外界条件影响小等优点。已广泛用于接收机中，如收音机的中放、电视机的伴音中放等。陶瓷滤波器的不足之处是频率特性的一致性较差，通频带不够宽等。

3. 声表面波滤波器

声表面波滤波器具有工作频率高、通频带宽、选频特性好、体积小和质量轻等特点，并且可采用与集成电路相同的生产工艺，制造简单、成本低、频率特性的一致性好，因此广泛应用于各种电子设备中。

声表面波滤波器的结构示意图及符号如图 3 – 17 所示。它是以石英、铌酸锂或钛钛酸铅等压电晶体为基片，经表面抛光后在其上蒸发一层金属膜，通过光刻工艺制成两组具有能量转换功能的交叉指形的金属电极，分别称为输入叉指换能器和输出叉指换能器。当输入叉指换能器接上交流电压信号时，压电晶体基片的表面就产生振动，并激发出与外加信号同频率的声波，此声波主要沿着基片的表面与叉指电极升起的方向传播，故称为声表面波。其中一个方向的声波被吸声材料吸收，另一方向的声波则传送到输出叉指换能器，被转换为电信号输出。

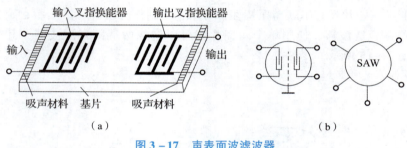

图 3 – 17　声表面波滤波器

（a）结构；（b）符号

在声表面波滤波器中，信号经过电 – 声 – 电的两次转换，由于基片的压电效应，则叉指换能器具有选频特性。显然，两个叉指换能器的共同作用，使声表面波滤波器的选频特性较为理想。图 3 – 18 所示为声表面波滤波器的幅频特性。

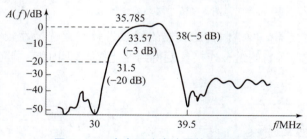

图 3 – 18　声表面波滤波器的幅频特性

3.2.4　频谱与频率变换

（一）频谱的概念

信号的频谱是指组成信号的各个频率正弦分量按频率的分布情况。如果以频率 f 为横坐标，以组成这个信号的各个频率正弦分量的振幅 U_m 为纵坐标作图，就可以得到该信号的频谱图，简称频谱。用频谱表示信号，可以直观地了解信号的频率组成和特点。

因此，一个信号有三种表示方法，即写出数学表达式、波形和频谱。三种表示方法在本质上是相同的，因此可由一种表示方法得到其他两种表示方法。应该指出，对于某些复杂的信号或无规律的信号，要写出它的数学表达式或画出它的波形是很困难的，这时用频谱来表示这种信号既容易、又方便。

（二）频率变换

1. 调制、解调和变频

"调制"是发射机的主要功能。所谓调制是将所需传送的基带信号加载到载波信号上去，以调幅波、调相波或调频波的形式通过天线辐射出去；"解调"是接收机的重要功能。所谓解调是将接收到的已调波的原调制信号取出来，例如从调幅波的振幅变化中取出原调制信号、从调相波的瞬时相位变化中取出原调制信号、从调频波的瞬时频率变化中取出原调制信号；"变频"指输出信号的频率与输入信号的频率不同，而且满足一定的变换关系。从频谱的角度来看：

（1）调制：把低频的调制信号频谱变换为高频的已调波频谱；

（2）解调：把高频的已调波频谱变换为低频的调制信号频谱；

（3）变频：把高频的已调波频谱变换为中频的已调波频谱。

因此调制、解调和变频电路都属于频谱变换电路。

2. 频谱变换电路

频谱变换电路可分为频谱搬移电路和频谱非线性变换电路两种。

（1）频谱搬移电路：将输入信号频谱沿频率轴进行不失真的搬移，频谱内部结构保持不变，如调幅、检波、变频电路都是这类电路。

（2）频谱非线性变换电路：将输入信号频谱进行特定的非线性变换，如调频、鉴频、调相、鉴相等电路。

（三）模拟乘法器

1. 模拟乘法器的概念及主要性能指标

模拟乘法器是一种完成两个模拟信号（连续变化的电压或电流）相乘作用的电子器件，如图 3－19 所示。模拟乘法器通常具有两个输入端和一个输出端，若输入信号用 u_X、u_Y 表示，输出信号为 u_o，K_M 为比例系数（称为模拟乘法器的相乘增益，其单位为 V^{-1}），则：

$$u_o = K_M u_X u_Y$$

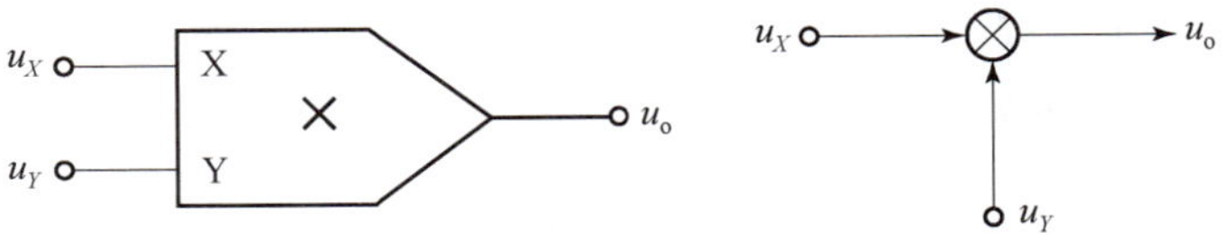

图 3－19　模拟乘法器的符号

根据两个输入电压的不同极性，乘法输出的极性有四种组合，用如图 3 – 20 所示的工作象限来说明。

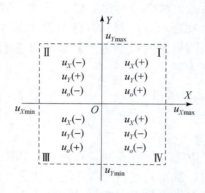

图 3 – 20　模拟乘法器的工作象限

若信号 u_X、u_Y 均限定为某一极性的电压时才能正常工作，该乘法器称为单象限乘法器；若其中一个能适应正、负两种极性电压，而另一个只能适应单极性电压，则为二象限乘法器；若两个输入信号能适应四种极性组合，称为四象限乘法器。

2. 模拟乘法器反映相乘功能的指标

（1）运算精度 E_R。

若乘法器的各种失调均为零，在两个输入端所加电压 U_X、U_Y 的绝对值为最大允许值时，实际输出电压 U'_o 与理想输出电压 U_o 的最大相对误差，常用百分数表示，即：

$$E_R = \frac{U'_o - U_o}{U_o} \times 100\%$$

其中理想输出电压指 $u_o = K_M u_X u_Y$。

（2）X 通道馈通抑制度 CFT 和 Y 通道馈通抑制度 SFT。

$U_X = 0$，$U_Y \neq 0$ 或 $U_Y = 0$，$U_X \neq 0$ 时，理想输出应为零。实际此时 $U_o \neq 0$，即有一部分输入电压泄漏到输出端，这就是馈通电压。有 X 通道馈通电压 U_{FX} 和 Y 通道馈通电压 U_{FY}。馈通电压的存在，使乘法器得数产生了误差。馈通抑制度是衡量乘法器误差大小的指标。

X 通道馈通抑制度 CFT（载漏抑制度）

$$CFT = 20 \lg \frac{U_{Xm}}{U_{om1}} (\text{dB})$$

Y 通道馈通抑制度 SFT（信漏抑制度）

$$SFT = 20 \lg \frac{U_{Ym}}{U_{om2}} (\text{dB})$$

显然，CFT 和 SFT 越大越好。

3. 集成模拟乘法器的应用

（1）平方运算电路。

模拟乘法电路的两个输入端接同一个输入信号，就可以组成平方运算电路，如图 3 – 21 所示。它的输出电压与输入电压的关系是 $u_o = K_M u_i^2$。

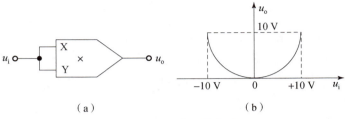

图 3 – 21　平方运算电路

（a）平方器；（b）传输特性

（2）除法运算电路。

除法运算电路可以由模拟乘法器和运放组成，乘法器置于运放的反馈支路中，如图 3 – 22 所示。

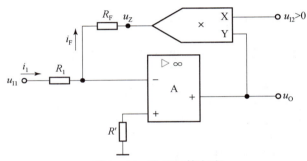

图 3 – 22　除法运算电路

由图 3 – 22 可以得到乘法器的输出端电位为 $u_Z = K_M XY$。

而当 $R_1 = R_F$ 时，有 $u_Z = -i_F R_F = -u_{I1}$，则

$$u_O = \frac{u_Z}{K_M u_{I2}} = -\frac{1}{K_M}\frac{u_{I1}}{u_{I2}}$$

从上式可知，电路的输出电压与两个输入电压之商成正比，于是实现了除法运算。

（3）开方运算电路。

如图 3 – 23 所示，利用除法运算电路，把乘法器的两个输入端都接至运放的输出端，就可实现开平方的运算。

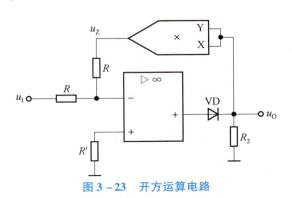

图 3 – 23　开方运算电路

根据"虚地"和"虚断"的概念，可得

$$\frac{u_{\mathrm{I}}}{R} \approx -\frac{u_Z}{R} = -K_{\mathrm{M}}\frac{u_{\mathrm{O}}^2}{R} \quad \text{即 } u_{\mathrm{O}} = \sqrt{-\frac{u_{\mathrm{I}}}{K_{\mathrm{M}}}}$$

从上式可看出，u_{O} 是（$-u_{\mathrm{I}}$）的平方根。因此，输入信号 u_{I} 必须为负值。实际上，不管 u_{O} 是正是负，u_Z 必须为正值。因此，在 u_{I} 为正值时，反馈极性变正，使运放不能正常工作。

（4）压控增益电路。

若乘法器的一个输入端接直流控制电压 U_{C}，另一个输入端接输入信号 u_{i}，则输出电压

$$u_{\mathrm{o}} = K_{\mathrm{M}}U_{\mathrm{C}}u_{\mathrm{i}}$$

由上式可知，此时乘法器相当于一个电压增益 $A_U = K_{\mathrm{M}}U_{\mathrm{C}}$ 的放大器，其电压增益 A_U 与控制电压 U_{C} 成正比，即可用电压的大小控制增益的大小，因此是压控增益放大器。

3.2.5　幅度调制与检波

调幅电路是频谱搬移电路。按照调幅方式，可分为普通调幅（AM）、双边带调幅（DSB）、单边带调幅（SSB）。

（一）调幅波的基本性质

1. 普通调幅（AM）

（1）普通调幅信号的数学表达式。

普通调幅信号是载波信号振幅按调制信号规律变化的一种振幅调制信号，简称调幅信号。设高频载波 $u_{\mathrm{c}}(t)$ 的表达式为：

$$u_{\mathrm{c}}(t) = U_{\mathrm{cm}}\cos\omega_{\mathrm{c}}t = U_{\mathrm{cm}}\cos 2\pi f_{\mathrm{c}}t$$

调幅时，载波的频率和相位不变，而振幅将随调制信号 $u_{\Omega}(t)$ 线性变化。由于调制信号为零时调幅波的振幅应等于载波振幅 U_{cm}，则调幅波的振幅 $U_{\mathrm{cm}}(t)$ 可写成

$$U_{\mathrm{cm}}(t) = U_{\mathrm{cm}} + k_{\alpha}u_{\Omega}(t)$$

式中，k_{α} 是一个与调幅电路有关的比例常数。因此，调幅波的数学表达式为：

$$u_{\mathrm{AM}}(t) = U_{\mathrm{cm}}(t)\cos\omega_{\mathrm{c}}t = \left[U_{\mathrm{cm}} + k_{\alpha}u_{\Omega}(t)\right]\cos\omega_{\mathrm{c}}t$$

①单频调制。

若调制信号为单频正弦波，即

$$u_{\Omega}(t) = U_{\Omega\mathrm{m}}\cos\Omega t = U_{\Omega\mathrm{m}}\cos 2\pi Ft, \quad F \ll f_{\mathrm{c}}$$

则

$$u_{\mathrm{AM}}(t) = (U_{\mathrm{cm}} + k_{\alpha}U_{\Omega\mathrm{m}}\cos\Omega t)\cos\omega_{\mathrm{c}}t = U_{\mathrm{cm}}\left(1 + \frac{k_{\alpha}U_{\Omega\mathrm{m}}}{U_{\mathrm{cm}}}\cos\Omega t\right)\cos\omega_{\mathrm{c}}t$$

$$= U_{\mathrm{cm}}\left(1 + \frac{\Delta U_{\mathrm{cm}}}{U_{\mathrm{cm}}}\cos\Omega t\right)\cos\omega_{\mathrm{c}}t = U_{\mathrm{cm}}(1 + m_{\mathrm{a}}\cos\Omega t)\cos\omega_{\mathrm{c}}t$$

式中，$\Delta U_{\mathrm{cm}} = k_{\alpha}U_{\Omega\mathrm{m}}$ 为受调后载波电压振幅的最大变化量；$m_{\mathrm{a}} = k_{\alpha}U_{\Omega\mathrm{m}}/U_{\mathrm{cm}} = \Delta U_{\mathrm{cm}}/U_{\mathrm{cm}}$ 称为调幅系数或调幅度，它反映了载波振幅受调制信号控制的程度，m_{a} 与 $U_{\Omega\mathrm{m}}$ 成正比；

$U_{cm}(t) = U_{cm}(1 + m_a \cos \Omega t)$ 是高频振荡信号的振幅，它反映了调制信号的变化规律，称为调幅波的包络。

由此可得调幅波的最大振幅为

$$U_{cm\,max} = U_{cm}(1 + m_a)$$

调幅波的最小振幅为

$$U_{cm\,min} = U_{cm}(1 - m_a)$$

则有

$$m_a = \frac{U_{cm\,max} - U_{cm\,min}}{U_{cm\,max} + U_{cm\,min}} = \frac{U_{cm\,max} - U_{cm}}{U_{cm}} = \frac{U_{cm} - U_{cm\,min}}{U_{cm}}$$

上式中左侧表达方式常用于在实验室中根据调幅波的波形去求 m_a。

②多频调制。

如果调制信号为多频信号，即

$$u_\Omega(t) = U_{\Omega m1} \cos \Omega_1 t + U_{\Omega m2} \cos \Omega_2 t + \cdots + U_{\Omega mn} \cos \Omega_n t$$

式中 $F_1 < F_2 < \cdots < F_n \ll f_c$，此时调制信号为非正弦的周期信号。则

$$u_{AM}(t) = U_{cm}(1 + m_{a1} \cos \Omega_1 t + m_{a2} \cos \Omega_2 t + \cdots + m_{an} \cos \Omega_n t) \cos \omega_c t$$

$$= U_{cm} \left(1 + \sum_{j=1}^{n} m_{aj} \cos \Omega_j t \right) \cos \omega_c t$$

式中，$m_{a1} = k_\alpha U_{\Omega m1}/U_{cm}$，$m_{a2} = k_\alpha U_{\Omega m2}/U_{cm}$，$\cdots$，$m_{an} = k_\alpha U_{\Omega mn}/U_{cm}$。

（2）普通调幅信号的波形。

普通调幅信号的波形如图 3 – 24 所示。$U_{cm}(1 + m_a \cos \Omega t)$ 是 $u_o(t)$ 的振幅，调幅波的包络与调制信号的形状完全一致，它反映调幅信号的包络线的变化。由图 3 – 24 可见，在输入调制信号的一个周期内，调幅信号的最大振幅为 $U_{cm\,max} = U_{cm}(1 + m_a)$，最小振幅为 $U_{cm\,min} = U_{cm}(1 - m_a)$。

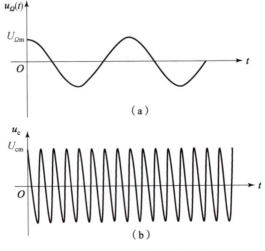

图 3 – 24   普通调幅波的波形

（a）调制信号波形；（b）载波信号波形

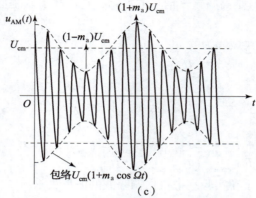

图 3 – 24　普通调幅波的波形（续）

（c）$m_a < 1$ 时调幅波波形

在 $m_a > 1$ 时，此时调幅波的包络已不能反映调制信号的变化规律，如图 3 – 25 所示。在实际调幅器中，在 t_1 到 t_2 时间内由于管子发射结加反偏电压而截止，使 $u_{AM}(t) = 0$，即出现包络部分中断。此时调幅波将产生失真，称为过调幅失真。而 $m_a > 1$ 时的调幅称为过调幅。因此，为了避免出现过调幅失真，应使调幅系数 $m_a \leqslant 1$。

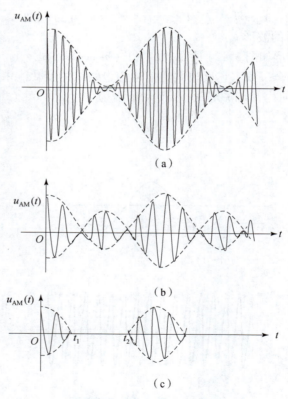

图 3 – 25　过调幅失真

（a）$m_a = 1$ 调幅波波形；（b）$m_a > 1$ 调幅波波形（理想调幅）；（c）$m_a > 1$ 调幅波波形（实际调幅）

实际上，当 $m_a > 1$ 时，在 t_1 到 t_2 时间间隔内，$1 + m_a \cos \Omega t < 0$，即 $U_{cm}(t) < 0$。但由于振幅值恒大于零，所以 $u_{AM}(t)$ 可改写为 $u_{AM}(t) = U_{cm} \mid 1 + m_a \cos \Omega t \mid \cos(\omega_c t + 180°)$。此时调幅波有 180° 的相移，相位突变发生在 $1 + m_a \cos \Omega t = 0$ 的时刻，称为"零点突变"。

（3）普通调幅信号的频谱结构和频谱宽度。

若调制信号为单频正弦信号，则

$$u_{AM}(t) = U_{cm} \cos \omega_c t + \frac{1}{2} m_a U_{cm} \cos(\omega_c - \Omega)t + \frac{1}{2} m_a U_{cm} \cos(\omega_c + \Omega)t$$

上式表明，单频正弦信号调制的调幅波是由三个频率分量构成的：第一项为载波分量；第二项的频率为 $f_c - F$，称为下边频分量，其振幅为 $\frac{1}{2} m_a U_{cm}$；第三项的频率为 $f_c + F$，称为上边频分量，其振幅为 $\frac{1}{2} m_a U_{cm}$。由此可画出相应的调幅波的频谱，如图 3 – 26 所示。由于 $f_c \gg F$，所以这三个频率相距很近。由图 3 – 26 可以看出，上、下边频分量对称地排列在载波分量的两侧。调幅波的频谱宽度简称带宽，用 f_{BW} 表示。显然

$$f_{BW} = (f_c + F) - (f_c - F) = 2F$$

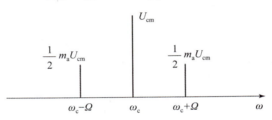

图 3 – 26　单频信号调制时的频谱

若调制信号为多频信号，则

$$u_{AM}(t) = U_{cm} \cos \omega_c t + \sum_{j=1}^{n} \frac{1}{2} m_{aj} U_{cm} \cos(\omega_c + \Omega_j)t + \sum_{j=1}^{n} \frac{1}{2} m_{aj} U_{cm} \cos(\omega_c - \Omega_j)t$$

上式表明，多频信号调制的调幅波的频谱是由载波分量和 n 对对称于载波分量的边频分量组成的，这些边频分量组成两个频带，其中频率范围 $(f_c + F_1) \sim (f_c + F_n)$ 称为上边带，$(f_c - F_1) \sim (f_c - F_n)$ 称为下边带，如图 3 – 27 所示。

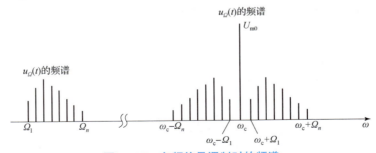

图 3 – 27　多频信号调制时的频谱

可见，上、下边带也对称地排列在载波分量的两侧。由于最低调制频率 $F_{min} = F_1$，最高调制频率 $F_{max} = F_n$，故调幅波带宽 $f_{BW} = 2F_n = 2F_{max}$。

因此，调幅电路的作用是在时域实现 $u_\Omega(t)$ 和 $u_c(t)$ 相乘，反映在波形上就是将 $u_\Omega(t)$

不失真地搬移到高频振荡的振幅上，而在频域则将 $u_\Omega(t)$ 的频谱不失真地搬移到 f_c 的两边。

2. 双边带调幅（DSB）和单边带调幅（SSB）

载波不包含待传输的调制信号，而所要传输的信号（调制信号）只存在于边频功率中，因此从传输信息的角度看，调幅波平均功率 P_{av} 中真正有用的是边频功率 P_{sb}，载波功率 P_c 是没有用的。当 $m_a = 1$ 时，P_{sb} 在 P_{av} 中所占的比例最大，这时 $P_{sb} = P_{av}/3$；而当 $m_a = 0.3$ 时，$P_{sb} \approx 0.045 P_{av}$。因此，有用的边频功率占整个调幅波平均功率的比例很小，发射极的效率很低。为了克服调幅波的上述缺点，在调幅系统中还采用了抑制载波的双边带调幅、单边带调幅。

（1）双边带调幅（DSB）。

既然载波分量不包含任何信息，又占整个调幅波平均功率的很大比重，因此在传输前把它抑制掉，就可以在不影响传输信息的条件下，大大节省发射机的发射功率。这种仅传输两个边带的调幅方式称为抑制载波的双边带调幅，简称双边带调幅，用 DSB 表示。

单频调制时双边带调幅信号的数学表达式为：

$$u_{DSB}(t) = k_a u_\Omega(t) \cos \omega_c t = m_a U_{cm} \cos \Omega t \cos \omega_c t$$

多频调制时双边带调幅信号的数学表达式为：

$$u_{DSB}(t) = U_{cm} \cos \omega_c t \sum_{j=1}^{n} m_{aj} \cos \Omega_j t$$

双边带调制仍为频谱搬移电路，其带宽仍为 $2F_{max}$。

（2）单边带调幅（SSB）。

双边带调幅信号的上边带或下边带都包含了调制信号的全部信息。因此，从信息传输的角度来看，还可以进一步把其中的一个边带抑制掉。这种仅传输一个边带（上边带或下边带）的调幅方式称为抑制载波的单边带调幅，简称单边带调幅，用 SSB 表示。

当调制信号为单频时，单边带调幅信号的数学表达式为：

$$u_{SSB}(t) = \frac{1}{2} m_a U_{cm} \cos(\omega_c + \Omega) t \, (\text{上边频})$$

或

$$u_{SSB}(t) = \frac{1}{2} m_a U_{cm} \cos(\omega_c - \Omega) t \, (\text{下边频})$$

当调制信号为多频时，单边带调幅信号的数学表达式为：

$$u_{SSB}(t) = \sum_{j=1}^{n} \frac{1}{2} m_{aj} U_{cm} \cos(\omega_c + \Omega_j) t \, (\text{上边频})$$

或

$$u_{SSB}(t) = \sum_{j=1}^{n} \frac{1}{2} m_{aj} U_{cm} \cos(\omega_c - \Omega_j) t \, (\text{下边频})$$

单边带调制仍为频谱搬移电路，其带宽 $f_{BW} = (f_c + F_n) - (f_c + F_1) \approx F_n = F_{max}$。

单边带调制把 AM 或 DSB 信号的带宽压缩一半，这对于提高短波波段的频带利用率具有重大的现实意义。

综上所述，普通调幅方式所占的频带较宽，还要传输不含信息的较大载波功率，但它的发射机和接收机都比较简单。因此，在拥有众多接收机的广播系统中，多采用普通调幅方式，以降低接收机的成本。双边带调幅方式可以大大节省发射机的功率，但所占的频带较宽，且发射机和接收机都比较复杂，因此应用得很少。单边带调幅方式既可大大节省发射机的功率，又能节约频带，因此，虽然它的发射机和接收机都比较复杂，却在短波无线通信中得到广泛的应用。

（二）调幅电路

普通调幅电路有模拟乘法器调幅电路和二极管平方律调幅电路。由模拟乘法器和集成运放组成的普通调幅电路如图 3-28 所示。

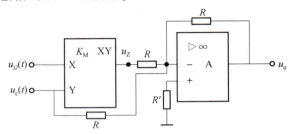

图 3-28　模拟乘法器普通调幅电路

图 3-28 中，乘法器的输出电压 $u_Z(t) = K_M u_\Omega(t) u_c(t)$，集成运放构成相加器。
若 $u_\Omega(t) = U_{\Omega m} \cos \Omega t$ 为单频信号，$u_c(t) = U_{cm} \cos \omega_c t$ 为载波信号，则输出电压

$$u_o(t) = -[u_c(t) + u_Z(t)] = -U_{cm}(1 + K_M U_{\Omega m} \cos \Omega t) \cos \omega_c t$$
$$= -U_{cm}(1 + m_a \cos \Omega t) \cos \omega_c t$$

式中，$m_a = K_M U_{\Omega m}$，为保证不失真，要求 $|K_M U_{\Omega m}| < 1$。显然，该电路的输出信号为普通的调幅波。

（三）检波的概念和作用

振幅解调（又称检波）是振幅调制的逆过程。它的作用是从已调制的高频振荡中恢复出原来的调制信号。

检波前和检波后信号的频谱如图 3-29 所示。从图可以看出，检波是调幅的逆过程，其频谱变换与调幅相反，即把调幅波的频谱由高频不失真地搬到低频，其频谱向左搬移了 f_c。可见，检波器也是频谱搬移电路。

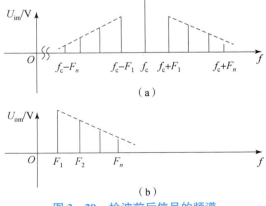

图 3-29　检波前后信号的频谱
（a）输入信号频谱；（b）输出信号频谱

检波前和检波后信号的波形如图3-30和图3-31所示。其中，图3-30是输入信号为高频等幅波时的情况；图3-31是输入信号为单频正弦调制载波产生的普通调幅波时的情况。

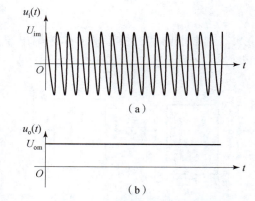

图 3-30   输入为高频等幅波时检波前后信号的波形
（a）输入信号波形；（b）输出信号波形

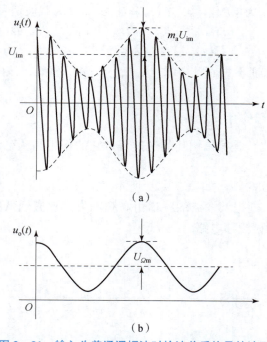

图 3-31   输入为普通调幅波时检波前后信号的波形
（a）输入信号波形；（b）输出信号波形

从以上两种情况可以看出，对于普通调幅波，由于其包络反映了调制信号变化的规律，因此对普通调幅波进行检波，检波器的输出电压 $u_o(t)$ 的波形与输入调幅波 $u_i(t)$ 的包络相同。输入为高频等幅波时，输出为直流电压；输入为单频正弦调制载波产生的普通调幅波时，输出为正弦波。

（四） 检波电路

1. 检波器的分类和组成

检波器是频谱搬移电路，非线性器件是其核心元件，同时用低通滤波器滤除无用频率分量，取出原调制信号的频率分量。根据工作原理，检波器可分为同步检波器（相干检波器）、包络检波器（非相干检波器）。

同步检波器由乘法器（或其他非线性器件）、低通滤波器和同步信号发生器组成，如图 3－32 所示。工作时必须给非线性器件输入一个与载波同频同相的本地参考电压，即同步电压。因此，这种检波器被称为同步检波器，它适用于各种调幅波的检波（AM、DSB、SSB）。

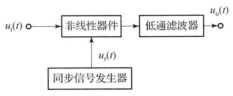

图 3－32　同步检波器的组成

非同步检波器由非线性器件和低通滤波器构成，如图 3－33 所示。工作时不需要同步信号，只适用于普通调幅波（AM）的检波。这种检波器的输出信号（原调制信号）与调幅波的包络变化规律一致，故又称为包络检波器。

$u_{\mathrm{i}}(t)$ ○──→ 非线性器件 ──→ 低通滤波器 ──○ $u_{\mathrm{o}}(t)$

图 3－33　包络检波器的组成

2. 检波器的主要性能指标

（1） 电压传输系数 K_{d}。

电压传输系数用来说明检波器对高频信号的解调能力，又称为检波效率，用 K_{d} 表示。

若检波器输入为高频等幅波，其振幅为 U_{im}，而输出直流电压为 U_{o}，则检波器的电压传输系数为：

$$K_{\mathrm{d}} = \frac{U_{\mathrm{o}}}{U_{\mathrm{im}}}$$

若检波器输入为高频调幅波，其包络振幅为 $m_{\mathrm{a}}U_{\mathrm{im}}$，而输出低频电压振幅为 $U_{\Omega\mathrm{m}}$，则检波器的电压传输系数为：

$$K_{\mathrm{d}} = \frac{U_{\Omega\mathrm{m}}}{m_{\mathrm{a}}U_{\mathrm{im}}}$$

显然，检波器的电压传输系数越大，则在同样输入信号的情况下，输出信号就越大，即检波效率越高。一般二极管检波器 K_{d} 总小于 1，越接近于 1 越好。

（2） 输入电阻 R_{i}。

检波器的输入电阻 R_{i} 是指从检波器输入端看进去的等效电阻，用来说明检波器对前级电路的影响程度。定义 R_{i} 为输入高频等幅波的电压振幅 U_{im} 与输入高频脉冲电流中基波振幅 I_{im} 之比：

$$R_{\mathrm{i}} = \frac{U_{\mathrm{im}}}{I_{\mathrm{im}}}$$

3. 同步检波电路

同步检波电路有两种实现方法，一种采用模拟乘法器实现（即相乘型同步检波器），另一种采用二极管包络检波器构成叠加型同步检波电路。

（1）相乘型同步检波器。

相乘型同步检波器如图 3 – 34 所示，由模拟乘法器和低通滤波器（LPF）组成。

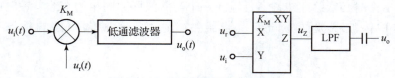

图 3 – 34　相乘型同步检波器

①输入 $u_{\mathrm{i}}(t)$ 为普通调幅波：

$$u_{\mathrm{i}}(t) = U_{\mathrm{im}}(1 + m_{\mathrm{a}}\cos\Omega t)\cos\omega_{\mathrm{c}}t$$

且同步电压信号为：

$$u_{\mathrm{r}}(t) = U_{\mathrm{rm}}\cos\omega_{\mathrm{c}}t$$

则乘法器的输出电压为：

$$u_{\mathrm{Z}}(t) = K_{\mathrm{M}}u_{\mathrm{i}}(t)u_{\mathrm{r}}(t) = K_{\mathrm{M}}U_{\mathrm{rm}}U_{\mathrm{im}}(1 + m_{\mathrm{a}}\cos\Omega t)\cos^2\omega_{\mathrm{c}}t$$

$$= \frac{1}{2}K_{\mathrm{M}}U_{\mathrm{rm}}U_{\mathrm{im}} + \frac{1}{2}K_{\mathrm{M}}U_{\mathrm{rm}}U_{\mathrm{im}}m_{\mathrm{a}}\cos\Omega t + \frac{1}{2}K_{\mathrm{M}}U_{\mathrm{rm}}U_{\mathrm{im}}\cos 2\omega_{\mathrm{c}}t +$$

$$\frac{1}{4}K_{\mathrm{M}}U_{\mathrm{rm}}U_{\mathrm{im}}m_{\mathrm{a}}\cos(2\omega_{\mathrm{c}}+\Omega)t + \frac{1}{4}K_{\mathrm{M}}U_{\mathrm{rm}}U_{\mathrm{im}}m_{\mathrm{a}}\cos(2\omega_{\mathrm{c}}-\Omega)t$$

可以看出，$u_{\mathrm{Z}}(t)$ 中含有 0、F、$2f_{\mathrm{c}}$、$2f_{\mathrm{c}} \pm F$ 共 5 个频率分量，经过低通滤波器后滤去 $2f_{\mathrm{c}}$、$2f_{\mathrm{c}} \pm F$ 高频分量，再经隔直电容后，就得到

$$u_{\mathrm{o}}(t) = \frac{1}{2}K_{\mathrm{M}}U_{\mathrm{rm}}U_{\mathrm{im}}m_{\mathrm{a}}\cos\Omega t = U_{\Omega\mathrm{m}}\cos\Omega t$$

其中，

$$U_{\Omega\mathrm{m}} = \frac{1}{2}K_{\mathrm{M}}U_{\mathrm{rm}}U_{\mathrm{im}}m_{\mathrm{a}}$$

可见，$u_{\mathrm{o}}(t)$ 已恢复出了原调制信号。检波器的传输系数为

$$K_{\mathrm{d}} = \frac{U_{\Omega\mathrm{m}}}{m_{\mathrm{a}}U_{\mathrm{im}}} = \frac{1}{2}K_{\mathrm{M}}U_{\mathrm{rm}}$$

②输入 $u_{\mathrm{i}}(t)$ 为双边带调幅波：

$$u_{\mathrm{i}}(t) = m_{\mathrm{a}}U_{\mathrm{im}}\cos\Omega t\cos\omega_{\mathrm{c}}t$$

且同步电压信号为：

$$u_{\mathrm{r}}(t) = U_{\mathrm{rm}}\cos\omega_{\mathrm{c}}t$$

则乘法器的输出电压为：

$$u_{\mathrm{Z}}(t) = K_{\mathrm{M}}u_{\mathrm{i}}(t)u_{\mathrm{r}}(t) = K_{\mathrm{M}}U_{\mathrm{rm}}U_{\mathrm{im}}m_{\mathrm{a}}\cos\Omega t\cos^2\omega_{\mathrm{c}}t$$

$$= \frac{1}{2}K_{\mathrm{M}}U_{\mathrm{rm}}U_{\mathrm{im}}m_{\mathrm{a}}\cos\Omega t + \frac{1}{4}K_{\mathrm{M}}U_{\mathrm{rm}}U_{\mathrm{im}}m_{\mathrm{a}}\cos(2\omega_{\mathrm{c}}+\Omega)t +$$

$$\frac{1}{4}K_\mathrm{M}U_\mathrm{rm}U_\mathrm{im}m_\mathrm{a}\cos(2\omega_\mathrm{c}-\Omega)t$$

可以看出，$u_\mathrm{Z}(t)$ 中含有 F、$2f_\mathrm{c}\pm F$ 共 3 个频率分量，经过低通滤波器后滤去 $2f_\mathrm{c}\pm F$ 高频分量，再经隔直电容后，就得到

$$u_\mathrm{o}(t)=\frac{1}{2}K_\mathrm{M}U_\mathrm{rm}U_\mathrm{im}m_\mathrm{a}\cos\Omega t=U_{\Omega\mathrm{m}}\cos\Omega t$$

其中，

$$U_{\Omega\mathrm{m}}=\frac{1}{2}K_\mathrm{M}U_\mathrm{rm}U_\mathrm{im}m_\mathrm{a}$$

可见，$u_\mathrm{o}(t)$ 已恢复出了原调制信号。检波器的传输系数为

$$K_\mathrm{d}=\frac{U_{\Omega\mathrm{m}}}{m_\mathrm{a}U_\mathrm{im}}=\frac{1}{2}K_\mathrm{M}U_\mathrm{rm}$$

由上可知，双边带调幅波与普通调幅波的输出及电压传输系数完全相同。

③输入 $u_\mathrm{i}(t)$ 为单边带调幅波：

$$u_\mathrm{i}(t)=\frac{1}{2}m_\mathrm{a}U_\mathrm{im}\cos(\omega_\mathrm{c}+\Omega)t(上边带)$$

则乘法器的输出电压为：

$$u_\mathrm{Z}(t)=K_\mathrm{M}u_\mathrm{i}(t)u_\mathrm{r}(t)=\frac{1}{2}K_\mathrm{M}U_\mathrm{rm}U_\mathrm{im}m_\mathrm{a}\cos(\omega_\mathrm{c}+\Omega)t\cos\omega_\mathrm{c}t$$

$$=\frac{1}{4}K_\mathrm{M}U_\mathrm{rm}U_\mathrm{im}m_\mathrm{a}\cos\Omega t+\frac{1}{8}K_\mathrm{M}U_\mathrm{rm}U_\mathrm{im}m_\mathrm{a}\cos(2\omega_\mathrm{c}+\Omega)t$$

可以看出，$u_\mathrm{Z}(t)$ 中含有 F、$2f_\mathrm{c}+F$ 共 2 个频率分量，经过低通滤波器后滤去 $2f_\mathrm{c}+F$ 高频分量，再经隔直电容后，就得到

$$u_\mathrm{o}(t)=\frac{1}{4}K_\mathrm{M}U_\mathrm{rm}U_\mathrm{im}m_\mathrm{a}\cos\Omega t=U_{\Omega\mathrm{m}}\cos\Omega t$$

其中，

$$U_{\Omega\mathrm{m}}=\frac{1}{4}K_\mathrm{M}U_\mathrm{rm}U_\mathrm{im}m_\mathrm{a}$$

可见，$u_\mathrm{o}(t)$ 已恢复出了原调制信号，检波器的传输系数为

$$K_\mathrm{d}=\frac{U_{\Omega\mathrm{m}}}{m_\mathrm{a}U_\mathrm{im}}=\frac{1}{4}K_\mathrm{M}U_\mathrm{rm}$$

综上所述，相乘型同步检波器可用于各种调幅信号的检波。用模拟乘法器 MC1596 组成的同步检波器如图 3 – 35 所示。

图 3 – 35 中，电源采用 12 V 单电源供电，调幅信号 $u_\mathrm{i}(t)$ 通过 0.1 μF 耦合电容加到 1 端，其有效值在 1 ~ 100 mV 范围内都能不失真解调，同步信号 $u_\mathrm{r}(t)$ 通过 0.1 μF 耦合电容加到 8 端，电平大小要求能使双差分对管工作于开关状态（50 ~ 500 mV 范围）。输出端 9 经过 RC 组成的一个 π 形低通滤波器和一个 1 μF 的耦合电容取出调制信号。

（2）叠加型同步检波器。

叠加型同步检波器如图 3 – 36 所示，由叠加电路和二极管包络检波器组成。叠加型同步检波器针对双边带调幅波的检波，其工作原理是将双边带调制信号 $u_\mathrm{i}(t)$ 与同步信号 $u_\mathrm{r}(t)$ 叠加，得到一个普通调幅波，然后再经过包络检波器解调出调制信号。

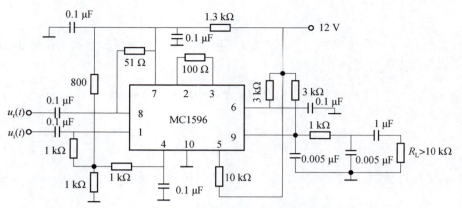

图 3 – 35　MC1596 组成的同步检波器

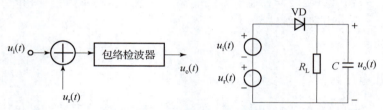

图 3 – 36　叠加型同步检波器

（3）参考信号的频率和相位偏差对检波的影响。

上面分析同步检波器工作原理时，要求本地参考电压 $u_r(t)$ 与载波同频同相，即保持严格的同步。若 $u_r(t)$ 与载波不能保持严格同步，即存在频偏 $\Delta\omega$ 和相偏 $\Delta\phi$，则会对检波效果带来不良影响。设 $u_i(t)$ 为双边带调制信号，分析如下。

① $u_r(t)$ 与载波同频不同相，即：

$$u_r(t) = U_{rm}\cos(\omega_c t + \Delta\phi)$$

则

$$u_o(t) = \frac{1}{2}K_M U_{rm}U_{im}m_a\cos\Delta\phi\cos\Omega t = U_{\Omega m}\cos\Omega t$$

其中，

$$U_{\Omega m} = \frac{1}{2}K_M U_{rm}U_{im}m_a\cos\Delta\phi$$

可见，检波器输出电压没有失真。但 $\cos\Delta\phi \leqslant 1$，使输出低频电压的振幅减小。如 $\Delta\phi = 0°$，即参考电压与载波同频同相，则输出低频电压的振幅最大；如 $\Delta\phi = 90°$，则 $u_o(t) = 0$。$\Delta\phi$ 越小越好。

② $u_r(t)$ 与载波不同频同相，即：

$$u_r(t) = U_{rm}\cos(\omega_c + \Delta\omega)t$$

则

$$u_o(t) = \frac{1}{2}K_M U_{rm}U_{im}m_a\cos\Delta\omega t\cos\Omega t$$

此时 $u_o(t)$ 的振幅将是按 $\cos\Delta\omega t$ 变化的低频电压，即产生了失真。

③$u_r(t)$ 与载波不同频不同相，即：

$$u_r(t) = U_{rm}\cos\left[(\omega_c + \Delta\omega)t + \Delta\phi\right]$$

则

$$u_o(t) = \frac{1}{2}K_M U_{rm} U_{im} m_a \cos(\Delta\omega t + \Delta\phi)\cos\Omega t$$

此时 $u_o(t)$ 的振幅将是按 $\cos(\Delta\omega t + \Delta\phi)$ 变化的低频电压，即产生了失真。

（4）同步信号的产生方法。

①若输入信号为普通调幅波，可将调幅波进行限幅，去除包络线变化，得到的是角频率为 ω_c 的方波，用窄带滤波器取出 ω_c 成分的同步信号。

②若输入信号为双边带调幅波，将双边带调制信号 $u_i(t)$ 取平方 $u_i^2(t)$，从中取出角频率为 $2\omega_c$ 的分量，经二分频将它变为角频率为 ω_c 的同步信号。

③若输入信号为发射导频的单边带调幅波，可采用高选择性的窄带滤波器，从输入信号中取出导频信号，导频信号放大后就可作为同步信号；如果发射机不发射导频信号，则接收机就要采用高稳定度晶体振荡器产生指定频率的同步信号。

为了保证同步检波器不失真地解调出幅度尽可能大的信号，参考电压应与输入载波同频同相，即实现二者的同步。在实际工作时，二者的频率必须相同，而允许有很小的相位差。但对于电视图像信号也会有明显的相位失真，这一点应注意。

4. 包络检波电路

对于普通调幅波，可用包络检波器进行检波。目前应用最广的是二极管包络检波器，电路如图 3 – 37 所示。

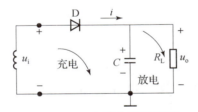

图 3 – 37　二极管包络检波器

①输入信号 $u_i(t)$ 为高频等幅波。

设 $u_i(t) = U_{im}\cos\omega_c t$，且 C 上没有初始存储电荷，即 $t = 0$ 时，$u_o(t) = 0$。这时，检波电路的分析与半波整流、电容滤波电路的分析相似，即 $u_D = u_i - u_o > 0$ 时，二极管导通，C 被充电；$u_D = u_i - u_o < 0$ 时，二极管截止，C 放电。由于放电时间常数远远大于充电时间常数，因此充电快、放电慢，在很短的时间内达到充放电的动态平衡。此后，$u_o(t)$ 便在平均值 $u_{o(av)} = U_o$ 上下按频率 f_c 做锯齿状的小波动。如果放掉的电荷很少，则 $u_o(t)$ 的锯齿状波动很小，一般可以忽略，$u_o(t)$ 的波形近似是 $u_i(t)$ 的包络。

②输入信号 $u_i(t)$ 为单频调幅波。

设 $u_i(t) = U_{im}(1 + m_a\cos\Omega t)\cos\omega_c t$，此时检波的过程与高频等幅波输入很相似，不过随着 $u_i(t)$ 幅度的增大或减小，$u_o(t)$ 也做相应的变化。因此，$u_o(t)$ 将是与调幅波包络相似的有锯齿状波动的电压，忽略很短的过渡过程后，$u_o(t)$ 的波形如图 3 – 38 所示。在一定条件下，$u_o(t)$ 的小锯齿波动可以忽略，其波形就近似为 $u_i(t)$ 的包络。

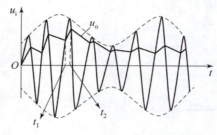

图 3 – 38　包络检波过程

3.2.6　角度调制与解调

（一）角度调制的分类和实现

角度调制可分为两种：一种是频率调制，简称调频（FM）；另一种是相位调制，简称调相（PM）。角度调制和解调电路都属于频谱非线性变换电路。

1. 调频波

调频（FM）是指载波的幅度不变，而瞬时角频率 $\omega(t)$ 随调制信号 $u_\Omega(t)$ 做线性变化。调频波的波形如图 3 – 39 所示。

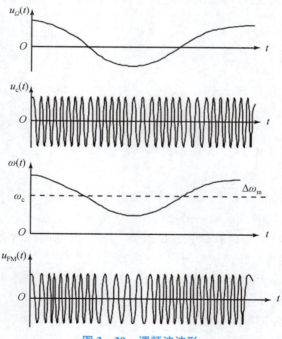

图 3 – 39　调频波波形

2. 调相波

调相（PM）是指载波的幅度不变，而瞬时相位 $\phi_c(t)$ 随调制信号 $u_\Omega(t)$ 做线性变化。调相波的波形如图 3 – 40 所示。

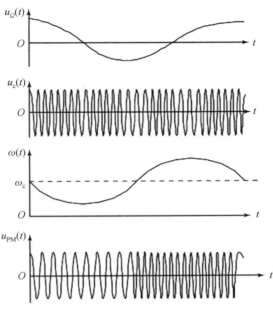

图3－40　调相波波形

调频和调相都表现为载波信号的瞬时相位受到调变，故统称角度调制。调频信号是由调制信号去改变载波信号的频率，使其瞬时角频率在载波角频率上下按调制信号的规律变化。而调相是用调制信号去改变载波信号的相位，使其瞬时相位叠加按调制信号规律变化。角度调制具有抗干扰能力强和设备利用率高等优点，但有效频谱带宽比调幅信号大得多。

3. 调频电路

产生调频信号的方法有很多，通常可分为直接调频和间接调频两类。直接调频是用调制信号直接控制振荡器振荡回路元件的参量而获得调频信号，其优点是能获得比较大的频偏，但中心频率的稳定度低；间接调频是先将调制信号积分，然后对载波信号进行调相而获得调频信号，其优点是中心频率稳定度高，缺点是难以获得大的频偏。

常采用变容二极管构成直接调频和间接调频电路。变容二极管调频电路的最大频偏受到调频信号非线性失真的限制，通常较小。在实际调频设备中，用倍频器和混频器来获得所需的载波频率和最大线性频偏：用倍频器同时扩大中心频率和频偏；用混频器改变载波频率的大小，使之达到所需值。

（二）调角信号解调的分类和实现

调频波的解调称为频率检波，简称鉴频；调相波的解调称为相位检波，简称鉴相。它们的作用是分别从调频波和调相波中检出原来的调制信号。调频信号的解调电路称为鉴频电路，能够检出两输入信号之间相位差的电路称为鉴相电路。

1. 鉴频特性

鉴频电路输出电压 u_o 与输入调频信号瞬时频率 f 之间的关系曲线称为鉴频特性曲线，如图3－41所示。

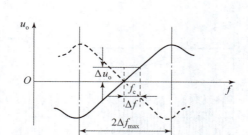

图 3 – 41　鉴频特性曲线

在调频信号中心频率 f_c 处，输出电压为 0。当信号频率偏离中心频率 f_c 升高或下降时，输出电压将分别向正、负极性方向变化（或相反）。在 f_c 附近，u_o 与 f 近似为线性关系。为了获得理想的鉴频效果，希望鉴频特性曲线要陡峭且线性范围大。

2. 鉴频的实现方法

常用的鉴频电路有斜率鉴频器、相位鉴频器和脉冲计数式鉴频器等。

（1）斜率鉴频器。

斜率鉴频器电路模型如图 3 – 42 所示。

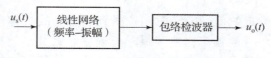

图 3 – 42　斜率鉴频器模型

利用频幅转换网络将调频信号转换成调频 – 调幅信号，然后再经过检波电路取出原调制信号。因为在线性解调范围内，解调信号电压与调频信号瞬时频率之间的比值和频幅转换网络特性曲线的斜率成正比，所以这种方法称为斜率鉴频。

在斜率鉴频电路中，频幅转换网络通常采用 LC 并联回路或 LC 互感耦合回路，检波电路通常采用差分检波电路或二极管包络检波电路。

（2）相位鉴频器。

相位鉴频器电路模型如图 3 – 43 所示。

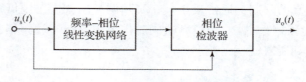

图 3 – 43　相位鉴频器模型

将调频波延时 t_0，当 t_0 满足一定条件时，可得到相位随调制信号线性变化的调相波，再与原调频波相乘实现鉴相后，经低通滤波器滤波，即可获得所需的原调制信号。

3.2.7　混频器

混频（又称变频）是一种频率变换过程，它使信号自某频率变换成另一频率，也就是将高频已调波经过频率变换，变为固定中频已调波。在频率变换过程中，信号的频谱内部结构（即各频率分量的相对振幅和相互间隔）以及调制类型（调幅、调频或调相）保持不变，改变的只是信号的载频。具有这种作用的电路称为混频电路或混频器。

混频器的应用十分广泛，它不但用于各种超外差式接收机中，而且还用于频率合成器等电路或电子设备中。

（一）混频器的结构

混频器由非线性器件和带通滤波器组成，如图 3 – 44 虚线框所示。非线性器件输入高频已调制信号 $u_s(t)$，带通滤波器输出中频已调制信号 $u_i(t)$。

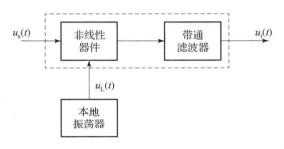

图 3 – 44 混频器的组成

本地振荡器用于产生高频等幅波 $u_L(t)$，称为本振信号。非线性器件将输入的高频信号 $u_s(t)$ 与本振信号 $u_L(t)$ 进行混频，产生新的频率。带通滤波器则用来从各种频率成分中提取出中频信号 $u_i(t)$。通常非线性器件与带通滤波器合在一起称为混频器，而本振信号由另一电路产生。如果混频器和本地振荡器共用一个器件，即非线性元件既产生本振信号，又起频率变换作用，则称之为变频器。

（二）混频干扰

混频必须采用非线性器件，由于混频器件的非线性，混频器将产生各种干扰和失真。信号频率和本振频率的各次谐波之间、干扰信号与本振信号之间、干扰信号与该信号之间以及干扰信号之间，经非线性器件相互作用会产生很多新的频率分量。当其中某些频率等于或接近于中频时，能够顺利地通过中频放大器，经解调后，在输出级引起串音、哨叫和各种干扰，影响有用信号的正常接收。

1. 组合频率干扰（哨声干扰）

混频器的输出中，除需要的中频以外，其他组合频率分量均为无用分量，当其中的某些频率分量接近于中频，并落入中频通频带范围内时，就能与有用中频信号一道顺利地通过中频放大器加到检波器，并与有用中频信号在检波器中产生差拍，形成低频干扰，使得收听者在听到有用信号的同时还听到差拍哨声。这种组合频率干扰也称为哨声干扰。当转动接收机调谐旋钮时，哨声音调也跟随变化，这是哨声干扰区分其他干扰的标志。

理论上，产生干扰哨声的信号频率有无限个，但实际上只有 p、q 较小时，才会产生明显的干扰哨声；又由于接收机的接收频段是有限的，所以产生干扰哨声的组合频率并不多。对于具有理想相乘特性的混频器，则不可能产生哨声干扰，所以，实用上应尽量减小混频器的非理想相乘特性。

2. 寄生通道干扰

把有用信号与本振信号变换为中频的通道，称为主通道，而把同时存在的其余变换通道称为寄生通道。

外来干扰与本振电压产生的组合频率干扰称为寄生通道干扰。最强的两个寄生通道干扰是中频干扰和镜像干扰。

（1）中频干扰。

当干扰频率等于或接近于接收机中频时，如果接收机前端电路的选择性不够好，干扰电压一旦漏到混频器的输入端，混频器对这种干扰就相当于一级（中频）放大器，放大器的跨导为 $g_\mathrm{m}(t)$ 中的 g_m0，从而将干扰放大，并顺利地通过其后各级电路，便在输出端形成干扰。抑制中频干扰的措施是提高混频器前端电路的选择或在前级增加一个中频陷波器。

（2）镜像干扰。

设混频器中 $f_\mathrm{L}>f_\mathrm{s}$，当外来干扰频率 $f_\mathrm{n}=f_\mathrm{L}+f_\mathrm{I}$ 时，u_n 与 u_L 共同作用在混频器输入端，也会产生差频 $f_\mathrm{n}-f_\mathrm{L}=f_\mathrm{I}$，从而在接收机输出端听到干扰电台的声音。

（三）混频失真

1. 交调失真

当接收机对有用信号频率调谐时，在输出端不仅可收听到有用信号的声音，同时还会清楚地听到干扰台调制声音；若接收机对有用信号频率失谐，则干扰台的调制声也随之减弱，并随着有用信号的消失而消失，好像干扰台声音调制在有用信号的载波上，故称其为交叉调制干扰。

（1）产生交叉调制干扰的原因。

当有用信号和干扰信号两种调幅波均加至混频器输入端时，由于混频器非线性作用，使干扰信号的包络转移到中频信号上。交叉调制的产生与干扰台的频率无关，任何频率较强的干扰信号加到混频器的输入端，都有可能形成交叉调制干扰。

（2）抑制交叉调制干扰的措施。

提高混频器前端电路的选择性，尽量减小干扰的幅度，是抑制交叉调制干扰的有效措施，选用合适的器件和合适的工作状态，使混频器的非线性高次方项尽可能减小；采用抗干扰能力较强的平衡混频器和模拟相乘器混频电路。

2. 互调失真

两个（或多个）干扰信号同时加到混频器输入端时，由于混频器的非线性作用，两干扰信号与本振信号相互混频，产生的组合频率分量若接近于中频，它就能顺利地通过中频放大器，经检波器检波后产生干扰。把这种与两个（或多个）干扰信号有关的干扰，称为互调干扰。

3.3　操作实施

3.3.1　无线对讲机接收器的分析

（一）无线对讲机接收器的组成

无线对讲机接收器的组成如图 3 – 45 所示，其工作过程为：把从天线上接收到的微弱的高频信号 u_1 先经过一级或几级高频小信号放大器放大为 u_2。然后送至混频器与本地振荡器所产生的等幅振荡电压 u_3 相混合，所得到的输出电压 u_4 包络线形状不变，仍与原来的信号波形相似，但是载波频率则转换为 u_2 与 u_3 两个高频频率之差（和），这个频率叫作中频。中频电压 u_4 再经过中频放大器放大为 u_5，送入鉴频器，经鉴频得到输出电压 u_6。最后 u_6 再经低频放大器放大为 u_7，送到扬声器中转变为声音信号。由于天线接收到的高频信号经过混频成为固定的中频，再加以放大，因此接收机的灵敏度较高，选择性较好，性能也比较稳定。

如图 3 – 45 所示，由于调频接收机由高频小信号放大器、本地振荡器、混频器、中频放大器、鉴频器以及低频放大器六部分组成，所以它们可以分步实现，各司其职。

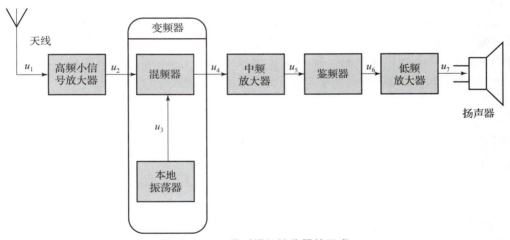

图 3 – 45　无线对讲机接收器的组成

1. 高频小信号放大器

对于高频小信号放大器来说，由于信号小，可以认为它工作在晶体管（或场效应管）的线性范围之内。这就允许把晶体管看成线性元件了，因此可作为有源线性四端网络来分析。

2. 本地振荡器

本振电路用 LC 谐振回路来产生一个稳定的本地振荡频率，将这个稳定的谐振频率与高频放大输出信号经过混频器混频，从而输出一个中频信号。

3. 混频器

晶体管混频器的主要优点是变频增益较高，由二极管组成的环形混频器具有组合频率少、动态范围大、噪声小、本振电压为反向辐射的特点。

4. 中频放大器

如果外来信号和本机振荡频率之差不是预定的中频，就不可能进入放大电路。因此在接收一个需要的信号时，混进来的干扰电波首先就在变频电路被剔除掉，加之中频放大电路是一个调谐好了的带有滤波性质的电路，所以接收机的选择性指标很高。

5. 鉴频器

在此设计中，选用了比例鉴频器，比例鉴频器的输出只有相位鉴频器的一半，可以说，比例鉴频器的限幅作用是以降低输出为代价的。但是，比例鉴频器也有一个优点，就是可以提供一个适合自动增益控制的电压。

6. 低频放大器

一般从鉴频器输出的信号都比较小，为了得到我们所需的信号，必须将输出信号进行放大。一般采用三极管放大电路或运算放大器来实现这一功能。

（二）无线对讲机接收器的工作原理

无线对讲机接收器电路如图 3 – 46 所示，调频信号由 TX 接收，经 C_9 耦合到 IC_1 的 19 脚内的混频电路。IC_1 第 1 脚为本振信号输入端，内部为本机振荡电路，L_4、C、C_{10}、C_{11} 等元件构成本振的调谐回路。在 IC_1 内部混频后的信号经低频滤波器后得到 10.7 MHz 的中频信号，中频信号由 IC_1 的 7、8、9 脚内电路进行中频放大、检波。7、8、9 脚外接的电容为高频滤波电容。10 脚外接电容为鉴频电路的滤波电容。此时，中频信号频率仍然是变化的，经过鉴频后变成变化的电压，这个变化的电压就是音频信号，经过静噪的音频信号从 14 脚输出耦合至 12 脚内的功放电路，第一次功率放大后的音频信号从 11 脚输出，经过 R_{10}、C_{25}、R_P 耦合至 IC_2 进行第二次功率放大，推动扬声器发出声音。

（三）收音专用和功放芯片介绍

无线对讲机接收器电路使用了 D1800 和 D2822 这两种芯片。其中，D1800 是收音专用集成电路，作为核心芯片，内部结构如图 3 – 47 所示。功放部分选用芯片 D2822。

（四）数字万用表的使用

万用表是一种多功能、多量程的测量仪表，万用表一般可测量直流电流、直流电压、交流电流、交流电压、电阻和音频电平等，有的还可以测量交流电流、电容量、电感量及半导体的一些参数。万用表按显示方式可分为指针万用表和数字万用表。目前，数字式测量仪表已成为主流，因为数字式仪表灵敏度高，准确度高，显示清晰，过载能力强，便于携带，使用更简单。下面介绍数字万用表的使用方法和注意事项。

1. 数字万用表外观

数字万用表外观结构如图 3 – 48 所示，主要包括液晶显示屏、选择开关和输入端子（插孔）。选择开关是一个多挡位的旋转开关，用来选择测量挡位和量程。一般的万用表测量挡位包括："A –"直流电流挡位、"A ~"交流电流挡位、"V ~"交流电压挡位、"V –"直流电压挡位、"Ω"电阻挡位。表笔分为红、黑两支，使用时应将红色表笔插入标有"＋"号的插孔，黑色表笔插入标有"－"号的插孔。

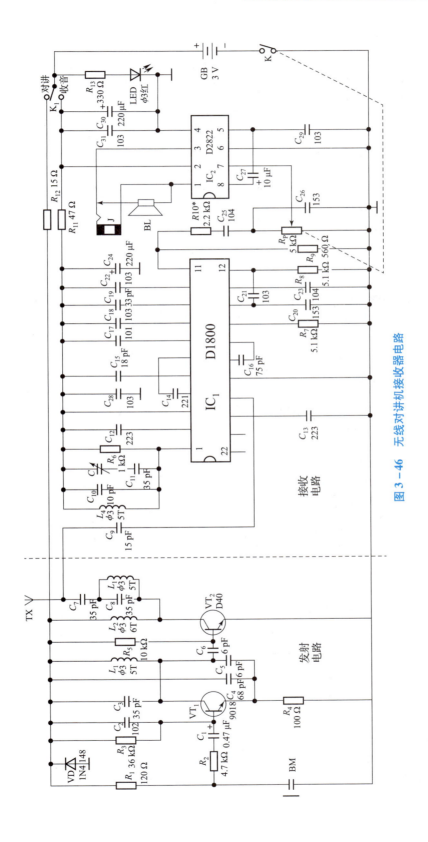

图 3-46　无线对讲机接收器电路

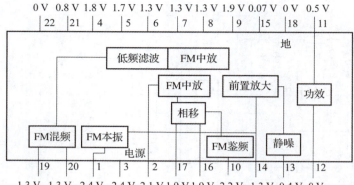

图 3 - 47　D1800 内部结构和静态参考电压

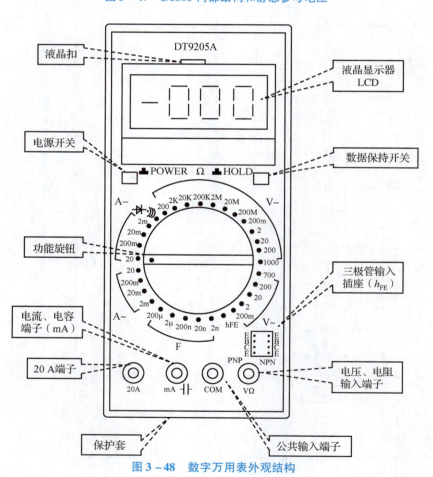

图 3 - 48　数字万用表外观结构

2. 测量电压

用数字万用表测量交流电压如图 3 - 49 所示，测量直流电压如图 3 - 50 所示。

①将黑表笔插入"COM"端口，红表笔插入"VΩ"端口；

②功能旋转开关打至"V～"（交流）、"V－"（直流），并选择合适的量程。

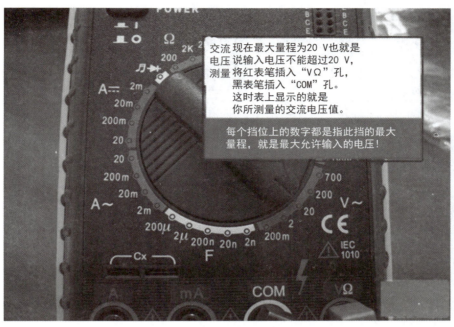

交流现在最大量程为20 V也就是
电压说输入电压不能超过20 V，
测量将红表笔插入"VΩ"孔，
黑表笔插入"COM"孔。
这时表上显示的就是
你所测量的交流电压值。

每个挡位上的数字都是指此挡的最大
量程，就是最大允许输入的电压！

图 3 – 49 测量交流电压

这五个挡是直流
电压测量用的。
上面的数字也是
这五个挡位所能
输入的最大电压
值。
表笔插入同
交流测量。

图 3 – 50 测量直流电压

③将红表笔探针接触被测电路正端，黑表笔探针接地或接负端，即与被测线路并联。

④读出 LCD 显示屏数字。

3. 测量电阻

用数字万用表测量电阻如图 3 – 51 所示。

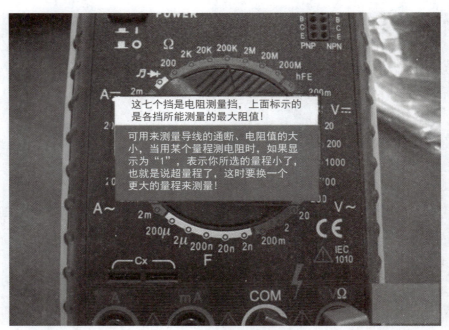

这七个挡是电阻测量挡，上面标示的是各挡所能测量的最大阻值！

可用来测量导线的通断、电阻值的大小，当用某个量程测电阻时，如果显示为"1"，表示你所选的量程小了，也就是说超量程了，这时要换一个更大的量程来测量！

图 3 – 51 测量电阻

①关掉电路电源。

②选择电阻挡（Ω）。

③将黑表笔探针插入"COM"输入插口，红表笔探针插入"Ω"输入插口。

④将探针前端跨接在器件两端，或你想测电阻的那部分电路两端。

⑤查看读数，确认测量单位——欧姆（Ω）、千欧（kΩ）或兆欧（MΩ）。

4. 测量二极管

将旋钮打在"⊣⊢"挡，红表笔插在右一孔内，黑表笔插在右二孔内，两支表笔的前端分别接二极管的两极，然后颠倒表笔再测一次。如果两次测量的结果是：一次显示"1"字样，另一次显示零点几的数字，是二极管的正向压降（硅材料为 0.6 V 左右，锗材料为 0.2 V 左右），那么此二极管就是一个正常的二极管。根据二极管的单向导电特性，可以判断此时红表笔接的是二极管的正极，而黑表笔接的是二极管的负极；假如两次显示都相同，那么此二极管已经损坏。

5. 测量电流

①断开电路。

②将黑表笔插入"COM"端口，红表笔插入"mA"或者"20 A"端口。

③将功能旋转开关打至"A~"（交流）、"A –"（直流），并选择合适的量程。

④断开被测线路，将数字万用表串联入被测线路中，被测线路中电流从一端流入红表笔，经万用表黑表笔流出，再流入被测线路中。

⑤接通电路。

⑥读出 LCD 显示屏数字。

6. 测量电容

用数字万用表测量电容如图 3 – 52 所示。

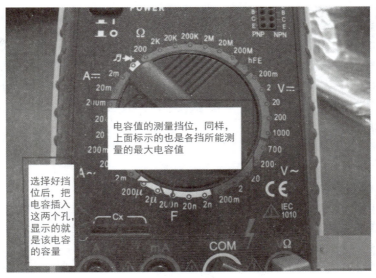

图 3 – 52　测量电容

①将电容两端短接，对电容进行放电，确保数字万用表的安全。

②将功能旋转开关打至电容（C）测量挡，并选择合适的量程。

③将电容插入万用表"Cx"插孔。

④读出 LCD 显示屏上的数字。

7. 测量放大倍数

数字万用表上的 h_{FE} 挡是测量晶体三极管电流放大倍数的，这种表上都有测量晶体三极管的插座。h_{FE} 挡主要是用于测量放大倍数 β 值，在测量之前，须先确定三极管是 PNP 型或 NPN 型，同时确定各引脚极性。测量时把晶体三极管插入相对应极性插孔中，就可以读取晶体三极管的电流放大倍数了。

8. 测量频率

某些型号的数字万用表选择开关设有 Hz 或波形挡，可以测量信号频率，如图 3 –53 所示。

图 3 –53　测量频率

①将红、黑表笔分别插入"VΩHz"和"COM"输入端。

②将表笔线的测试端并联到待测信号源上。

③在进行频率测量时，按一次"Hz/DUTY"键可进入占空比测量状态，再按一次"Hz/DUTY"键返回频率测量状态。

④在进行电流或电压测量时，按一次"Hz/DUTY"键进入频率测量状态，再按一次"Hz/DUTY"键进入占空比测量状态，第三次按"Hz/DUTY"键返回原测量状态。

⑤从显示屏上读取当前测量结果。

注意：测量高电压的频率时，选择"ACV"挡，再按"Hz/DUTY"键进入频率测量中。

9. 数字万用表使用注意事项

①如果无法预先估计被测电压或电流的大小，则应先拨至最高量程挡测量一次，再视情况逐渐把量程减小到合适位置。测量完毕，应将量程开关拨到最高电压挡，并关闭电源。

②满量程时，仪表仅在最高位显示数字"1"，其他位均消失，这时应选择更高的量程。

③测量电压时，应将数字万用表与被测电路并联。测量电流时应与被测电路串联，测直流量时不必考虑正、负极性。

④当误用交流电压挡去测量直流电压，或者误用直流电压挡去测量交流电压时，显示屏将显示"000"，或低位上的数字出现跳动。

⑤禁止在测量高电压（220 V 以上）或大电流（0.5 A 以上）时换量程，以防止产生电弧，烧毁开关触点。

3.3.2 无线对讲机接收器的制作

根据任务要求，以无线对讲机接收器电路图为基础，合理选用元器件、焊接电路板并加电测试，填写表3-1所示工作计划。

表 3-1 无线对讲机接收器电路制作计划

工作内容　　時间						
明确任务目标						
学习基础知识						
绘制电路图						
选用元器件						
焊接电路板						
调试电路板						

（一）选用元器件

依据无线对讲机接收器电路原理图，挑选并检测符合要求的元器件以备用，完成表3-2

所示元器件清单。

表 3 – 2　无线对讲机接收器电路元器件清单

序号	名称	标称值/型号	个数
1			
2			
3			
4			
5			
6			
7			
8			
9			
10			
11			
12			
13			
14			
15			

（二）焊接电路板

1. 焊接步骤

一般先焊接低矮、耐热的元件，最后焊接集成电路。焊接步骤如下：

（1）清查元器件的质量，并及时更换不合格的元件。

（2）确定元件的安装方式，由孔距决定，并对照电路图核对电路板。

（3）将元器件弯曲成形，电路中所有电阻（除 R_{12} 外）均采用立式插装，尽量将字符置于易观察的位置，字符应从左到右，从上到下，以便于日后检查；将元件引脚上锡，以便于焊接。

（4）插装。对照电路图对号插装元件，有极性的元件要注意极性，集成电路要注意脚位。

（5）焊接。各焊点加热时间及用锡量要适当，防止虚焊、错焊、短路。其中，进行耳机插座、三极管等焊接时要快，以免烫坏。

（6）焊后剪去多余引脚，检查所有焊点，并对照电路图仔细检查，确认无误后方可通电。

2. 安装提示

（1）发光二极管应焊在印制电路板反面，对比好高度和孔位再焊接。

（2）由于电路工作频率较高，安装时请尽量紧贴印制电路板，以免高频衰减而造成对讲距离缩短。

（3）焊接前应先将双联用螺丝上好，并剪去双联拨盘圆周内多余的高出的引脚后再焊接。

（4）J_1（跳线）可以用剪下的多余元件引脚代替，TX 的引线用粗软线连接。

（5）为了防止集成电路被烫坏，配备了集成电路插座，22 脚插座由一个 14 脚插座和一个 8 脚插座组成，务必要焊上。

（6）耳机插座上的脚位要插好，否则后盖可能会盖不紧。

（7）按钮开关 K_1 外壳上端的引脚要焊接起来，以保证 VD 的正极与电源负极连通。

3. 实物展示

完成元器件焊接后，无线对讲机接收器电路板实物如图 3－54 所示。

图 3－54　无线对讲机接收器电路板

（三）调试电路板

首先用万用表 100 mA 电流挡（其他挡也行，只要 ≥50 mA 挡即可）的正负表笔分别跨接在地和电源 GB 的负极之间，这时的读数应在 10～15 mA。然后，打开电源开关 K，并将音量开至最大，再细调双联，应收得到广播电台。若还收不到，则检查有没有元件装错，印制电路板有没有短路或开路，有没有焊接质量不高而导致短路或开路等，还可以试换一下 IC_1。排除故障后找一台标准的调频收音机，分别在低端和高端收一个电台，并调整电路中 L_4 的松紧度，使被调电路也能收到这两个电台，那么频率覆盖就调好了。如果在低端收不到这个电台，说明应减少 L_4 的匝数；在高端收不到这个电台，说明应增加 L_4 的匝数，直至这两个电台都能收到为止。调整时注意请用无感起子或牙签、牙刷柄拨动 L_4 的松紧度。当 L_4 被拨松时，频率就增高，反之则降低。注意调整前将频率指示标牌贴好，使整个圆弧数值都能在前盖的小孔内看得见（旋转调台拨盘）。

> **提示：**
> 同学们，当我们进行操作时，需要注意安全操作规范，预见可能遇到的各种情况，养成一丝不苟、认真负责的良好风气。

3.4　结果评价

"无线对讲机接收器的分析与制作"任务的考核评价如表 3 – 3 所示,包括"职业素养"和"专业能力"两部分。

表 3 – 3　"无线对讲机接收器的分析与制作"任务评价表

评价项目	评价内容	分值	评分		
			自我评价	小组评价	教师评价
职业素养	遵守纪律,服从教师的安排	5			
	具有安全操作意识,能按照安全规范使用各种工具及设备	5			
	具有团队合作意识,注重沟通、自主学习及相互协作	5			
	完成任务设计内容	5			
	学习准备充足、齐全	5			
	文档资料齐全、规范	5			
专业能力	能正确说出所给典型电路的名称和功能	5			
	能说明电路中主要电子元器件的作用	15			
	电路原理图绘制正确无误,布局合理,构图美观	10			
	PCB 图绘制正确无误,布局和布线合理并符合要求	5			
	能选择正确的元器件,正确焊接电路,焊点符合要求、美观	10			
	能正确校准、使用测量仪器,正确连接测试电路	10			
	在规定时间完成任务	10			
	电路功能展示成功	5			
合计		100			

3.5　总结提升

3.5.1　测试题目

1. 填空题

（1）串联电路谐振的条件是_____，谐振角频率为_____。

（2）正弦交流电路谐振时，电路的总电压与总电流的相位关系为_____。

（3）R、L、C串联后接到正弦交流电上，当$X_L = X_C$时电路发生_____现象，电路阻抗_____；且电压一定时，_____最大。

（4）无线通信中，信号的调制方式有_____、_____、_____三种，相应的解调方式分别为检波、_____、_____。

（5）检波有_____和_____两种形式。

2. 选择题

（1）以下（　　）属于有源器件。

A. 三极管　　　　　　B. 电阻器　　　　　　C. 电容器　　　　　　D. 电感器

（2）LC串联谐振回路在谐振时，回路的阻抗（　　）。

A. 最大　　　　　　　B. 最小　　　　　　　C. 不变　　　　　　　D. 不确定

（3）并联谐振回路的Q值越大，对频率特性的影响是（　　）。

A. 选频特性越好，通频带越窄　　　　　　B. 选频特性越差，通频带越窄

C. 选频特性越差，通频带越宽　　　　　　D. 选频特性越好，通频带越宽

（4）RLC串联电路，如增大R，则品质因数Q将（　　）。

A. 增大　　　　　　　B. 减小　　　　　　　C. 不变

（5）欲使RLC串联电路的品质因数增大，可以（　　）。

A. 增加R　　　　　　B. 增加C　　　　　　C. 增加L

3. 判断题

（1）在RLC串联电路中，若改变电路谐振状态，使之成为感性或容性，则可以通过改变电阻R的大小来达到。　　　　　　　　　　　　　　　　　　　　　　　　　（　　）

（2）串联谐振电路，R、L不变，增大C，则电路的品质因数将增大。　　　（　　）

（3）RLC串联电路的品质因数Q是表示电路元件在谐振时，电容或电感上的电压是电源电压的Q倍。　　　　　　　　　　　　　　　　　　　　　　　　　　　（　　）

（4）谐振放大器是采用谐振回路作负载的放大器。　　　　　　　　　　　（　　）

（5）LC并联谐振回路谐振时其纯电阻最小。　　　　　　　　　　　　　（　　）

（6）小信号谐振放大器抑制比越大，其选择性越好。　　　　　　　　　　（　　）

（7）高频小信号放大器的质量指标主要有增益、通频带、选择性、工作稳定性和噪声系数。　　　　　　　　　　　　　　　　　　　　　　　　　　　　　　　　（　　）

4. 问答题

（1）通频带为什么是小信号谐振放大器的一个重要指标？

（2）什么是信号的频谱？

（3）什么是调制、解调和变频？

5. 计算题

（1）收音机的输入回路如图 3 – 55 所示，已知 $R = 20\ \Omega$，$L = 300\ \mu H$，调节电容 C 收听 630 kHz 电台，问此时的电容值为多少？

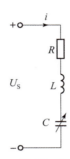

图 3 – 55 　收音机的输入回路

（2）已知 RLC 串联电路中 $R = 1\ k\Omega$，$L = 1\ mH$，$C = 0.4\ pF$，求谐振时的频率 f_0、回路的特性阻抗 ρ 和品质因数 Q 各为多少？

（3）RLC 串联谐振电路，已知输入电压 $U_S = 100\ mV$，角频率 $\omega = 10^5\ rad/s$，调节 C 使电路谐振，谐振时回路电流 $I_0 = 10\ mA$，$U_{C0} = 10\ V$，求电路元件参数 R、L、C 的值，回路的品质因数 Q 各为多少？

（4）RLC 串联电路，已知 $R = 10\ \Omega$，$L = 0.2\ mH$，$C = 800\ pF$，求通频带 f_{BW} 为多少？若 R 变为 50 Ω，记作 $R_1 = 50\ \Omega$，其余条件均不变，通频带 f_{BW1} 为多少？

（5）电感线圈和电容并联回路，已知 $R = 10\ \Omega$，$L = 0.1\ mH$，$C = 100\ pF$，求谐振频率 f_0 和谐振阻抗。

（6）中心频率都是 6.5 MHz 的单调谐放大器和临界耦合的双调谐放大器，若 Q_e 均为 30，试问这两个放大器的通频带各为多少？

3.5.2 　习题解析

1. 填空题

（1）感抗与容抗相等，$\omega_0 = \dfrac{1}{\sqrt{LC}}$

（2）相同

（3）谐振，最小，电流

（4）调幅，调频，调相，鉴频，鉴相

（5）同步检波，包络检波

2. 选择题

（1）A　　　（2）B　　　（3）A　　　（4）B　　　（5）C

3. 判断题

（1）×　　　（2）×　　　（3）√　　　（4）√　　　（5）×

（6）√　　　（7）√

4. 问答题

（1）通频带用于衡量放大电路对不同频率信号的放大能力。由于放大电路中电容、电感及半导体器件结电容等电抗元件的存在，在输入信号频率较低或较高时，放大倍数的数值会下降并产生相移。通常情况下，放大电路只适用于放大某一个特定频率范围内的信号。若通频带不够，会给信号带来失真。

（2）信号的频谱是指组成信号的各个频率正弦分量按频率的分布情况。如果以频率 f 为横坐标、以组成这个信号的各个频率正弦分量的振幅 U_m 为纵坐标作图，就可以得到该信号的频谱图，简称频谱。用频谱表示信号，可以直观地了解信号的频率组成和特点。

（3）调制是将所需传送的基带信号加载到载波信号上去，以调幅波、调相波或调频波的形式通过天线辐射出去；解调是将接收到的已调波的原调制信号取出来，例如从调幅波的振幅变化中取出原调制信号、从调相波的瞬时相位变化中取出原调制信号、从调频波的瞬时频率变化中取出原调制信号；变频指输出信号的频率与输入信号的频率不同，而且满足一定的变换关系。

5. 计算题

（1）

$$f_0 = \frac{1}{2\pi\sqrt{LC}}$$

$$C = \frac{1}{4\pi^2 L f_0^2} = \frac{1}{4\pi^2 \times 300 \times 10^{-6} \times (630 \times 10^3)^2}$$

$$= \frac{1}{4.696 \times 10^9} = 212.9\,(\mathrm{pF})$$

（2）

$$f_0 = \frac{1}{2\pi\sqrt{LC}} = \frac{1}{2 \times 3.14 \times \sqrt{1 \times 10^{-3} \times 0.4 \times 10^{-12}}} = 7.96 \times 10^6\,(\mathrm{Hz})$$

$$\rho = \sqrt{\frac{L}{C}} = \sqrt{\frac{1 \times 10^{-3}}{0.4 \times 10^{-12}}} = 5 \times 10^4\,(\Omega)$$

$$Q = \frac{\omega_0 L}{R} = \frac{2\pi f_0 L}{R} = \frac{2 \times 3.14 \times 7.96 \times 10^6 \times 1 \times 10^{-3}}{1 \times 10^3} \approx 50$$

（3）

$$U_{c0} = Q U_\mathrm{s}$$

$$Q = \frac{U_{c0}}{U_\mathrm{s}} = \frac{10}{100 \times 10^{-3}} = 100$$

$$U_\mathrm{s} = U_R = I_0 R$$

$$R = \frac{U_\mathrm{s}}{I_0} = \frac{100 \times 10^{-3}}{10 \times 10^{-3}} = 10\,(\Omega)$$

$$Q = \frac{\omega_0 L}{R}$$

$$L = \frac{QR}{\omega_0} = \frac{100 \times 10}{10^5} = 10^{-2}(H) = 10(mH)$$

$$\omega_0 = \frac{1}{\sqrt{LC}}$$

$$C = \frac{1}{\omega_0^2 L} = \frac{1}{(10^5)^2 \times 10^{-2}} = 10^{-8}(F) = 0.01(\mu F)$$

（4）

$$f_0 = \frac{1}{2\pi \sqrt{LC}} = \frac{1}{2 \times 3.14 \times \sqrt{2 \times 10^{-4} \times 8 \times 10^{-10}}}$$

$$= \frac{1}{2 \times 3.14 \times 4 \times 10^{-7}} \approx 400 \ (kHz)$$

$$Q = \frac{\omega_0 L}{R} = \frac{0.4 \times 10^6 \times 2 \times 3.14 \times 2 \times 10^{-4}}{10} \approx 50$$

$$f_{BW} = \frac{f_0}{Q} = \frac{0.4 \times 10^6}{50} = 8(kHz)$$

若 $R_1 = 50\ \Omega$，其余条件不变时，

$$Q_1 = \frac{\omega_0 L}{R_1} = \frac{0.4 \times 10^6 \times 2 \times 3.14 \times 2 \times 10^{-4}}{50} = 10$$

$$f_{BW1} = \frac{f_0}{Q_1} = \frac{0.4 \times 10^6}{10} = 40(kHz)$$

（5）

$$Q = \frac{\rho}{R} = \frac{1}{R}\sqrt{\frac{L}{C}} = \frac{1}{10} \times \sqrt{\frac{0.1 \times 10^{-3}}{100 \times 10^{-12}}} = 100(Q \gg 1)$$

$$f_0 = \frac{1}{2\pi \sqrt{LC}} = \frac{1}{2 \times 3.14 \times \sqrt{0.1 \times 10^{-3} \times 100 \times 10^{-12}}} = 1.59 \times 10^6(Hz)$$

$$|Z_0| = \frac{L}{CR} = \frac{0.1 \times 10^{-3}}{10 \times 100 \times 10^{-12}} = 10^5(\Omega) = 100(k\Omega)$$

（6）

单调谐放大器的通频带为：

$$f_{BW0.707} = \frac{f_0}{Q_e} = \frac{6.5 \times 10^6}{30} \approx 217(kHz)$$

临界耦合的双调谐放大器的通频带为：

$$f_{BW0.707} = \sqrt{2}\frac{f_0}{Q_e} = \sqrt{2} \times \frac{6.5 \times 10^6}{30} \approx 306(kHz)$$

任务 4

无线对讲机发射器的分析与制作

4.1　任务描述

4.1.1　工作背景

  对讲机是一种体积小、质量轻、功率小的无线通信设备，适合手持或袋装，便于个人随身携带，能在行进中进行通信联系，其功率在 VHF 频段一般不超过 5 W、在 UHF 频段不超过 4 W。通信距离在无障挡的开阔地带时一般可达到 5 km。在无线通信网络的支持下，通过中转台通信距离可达 10 km 以上，适合近距离的各种场合下流动人员之间的通信联系。在无线电话机系列中，手持式无线对讲机的应用数量及品种是最多的，达到 80% 以上。

  无线调频对讲机的设计与制作可分为两个模块，发射器和接收器。对讲发射器采用两级放大电路，第一级为振荡兼放大电路，第二级为发射部分，采用专用的发射管使发射效率得到提高。

> **注意：**
>   完成本任务的过程中，放大电路的选择、元器件参数的确定以及电路工作原理的分析等内容都需要同学们细心、耐心，精益求精、一丝不苟，只有这样才能游刃有余地完成工作，落实岗位职责。
>   学习榜样：心细如发、条理清晰、严谨判断，任何一点点小错误都会对结果有重大的影响哦！

4.1.2　学习目标

  （1）能够正确识别、检测和选用元器件。
  （2）能读懂对讲机发射器电路图，并绘制电路图和 PCB 图。
  （3）能够根据电路原理图正确焊接电路。

（4）能熟练使用万用表、示波器等电子测量仪器进行电路参数的测试。

（5）能对制作完成的电路进行调试以达到设计要求。

（6）能仔细严谨地完成电路搭建，具备较强自我管理能力和团队合作意识，拥有较高的分析问题的能力，能以创新的方法解决问题。

4.2　知识储备

无线对讲机发射器的分析与设计中常用到 LC 选频网络、正弦波振荡器、高频功率放大器等相关知识。只有真正理解和掌握这些知识，才能正确地分析和设计电路。

4.2.1　振荡器基础知识

我们常见到这样的情况，当有人把所使用的话筒靠近扬声器时，会引起一种刺耳的哨叫声，该现象称为自激振荡现象，如图 4-1 所示。

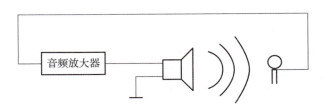

振荡器基础知识

图 4-1　扩音系统中的电声振荡

这种现象是由于当话筒靠近扬声器时，来自扬声器的声波激励话筒，话筒感应电压并输入放大器，然后扬声器又把放大了的声音再送回话筒，形成正反馈。如此反复循环，就形成了声电和电声的自激振荡哨叫声。

（一）振荡器的分类

无须外加输入信号的控制，将直流电能转换为具有特定的频率和一定的振幅的交流信号的能量，这一类电路称为振荡器。

放大器是对外加的激励信号进行不失真的放大。而振荡器是不需外加激励信号，靠电路本身产生具有一定频率、一定波形和一定幅度的交流信号。

振荡器主要包括反馈式振荡器和负阻振荡器两大类，振荡器的分类如图 4-2 所示。反馈式振荡器是利用正反馈原理构成的，被广泛应用；负阻振荡器是利用负电阻效应抵消回路中的损耗，以产生等幅自由振荡，主要工作于微波段。

（二）反馈式振荡器

1. 反馈式振荡器的含义和用途

从输出信号中取出一部分反馈到输入端作为输入信号，无须外部提供激励信号，能产生等幅正弦波输出的电路称为正反馈振荡器。它主要有以下两个方面的用途。

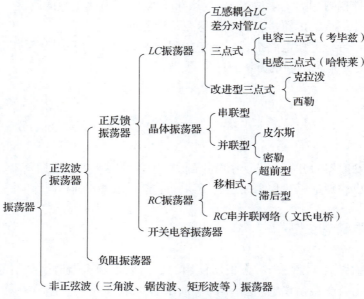

图 4 – 2 振荡器的分类

（1）提供无线发射机中的载波信号源、超外差接收机中的本振信号源、电子测量仪器中的正弦波信号源、数字系统中的时钟信号源等。

（2）提供高频加热设备和医用电疗仪器中的正弦交变能源。

2. 反馈式振荡器的组成结构

负反馈放大器和正反馈振荡器的结构如图 4 – 3 所示。

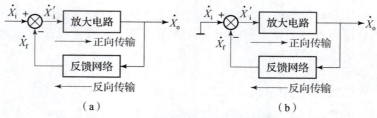

（a）   （b）

图 4 – 3 负反馈放大器和正反馈振荡器

（a）负反馈放大电路；（b）正反馈振荡电路

图 4 – 3 中，$\dot{X}_i$ 为输入信号，$\dot{X}'_i$ 为净输入信号，$\dot{X}_f$ 为反馈信号，$\dot{X}_o$ 为输出信号。比较图 4 – 3（a）和（b），很容易看出负反馈放大电路与正反馈振荡电路的区别。

负反馈时放大器的闭环增益为：

$$\dot{A}_f = \frac{\dot{A}}{1 + \dot{A}\dot{F}}$$

正反馈时放大器的闭环增益为：

$$\dot{A}_f = \frac{\dot{A}}{1 - \dot{A}\dot{F}}$$

显然，当 $\dot{A}\dot{F} = 1$ 时，$\dot{A}_f \to \infty$，正反馈产生振荡。此后振荡电路的输入信号 $\dot{X}_i = 0$，所以

$\dot{X}'_i = \dot{X}_f$。因此，产生自激振荡的条件为 $\dot{A}\dot{F} = 1$。

应该指出：

（1）为了产生正弦波，必须在放大电路里加入正反馈，因此放大电路和正反馈网络是振荡电路的最主要部分。但是，这两部分构成的振荡器一般得不到正弦波，这是由于很难控制正反馈的量。

如果正反馈量大，则增幅，输出幅度越来越大，最后需由三极管的非线性限幅，这必然产生非线性失真。反之，如果正反馈量不足，则减幅，可能停振，为此振荡电路要有一个稳幅电路。

（2）为了获得单一频率的正弦波输出，应该有选频网络，选频网络往往和正反馈网络或放大电路合二为一。选频网络由 R、C 和 L、C 等电抗性元件组成。正弦波振荡器的名称一般由选频网络来命名。

因此，一个完整的正弦波发生电路应该由放大电路、正反馈网络、选频网络、稳幅电路组成。

3. 反馈式振荡器的工作原理

反馈式正弦波振荡器的工作过程如下：

（1）刚通电时，须经历一段振荡电压从无到有逐步增长的过程。

（2）进入平衡状态时，振荡电压的振幅和频率要能维持在相应的平衡值上。

（3）当外界不稳时，振幅和频率仍应稳定，而不会产生突变或停止振荡。

对应于以上过程，闭合环路反馈式振荡器（Feedback Oscillator）需满足起振、平衡、稳定三个条件。起振条件保证接通电源后从无到有地建立起振荡；平衡条件保证进入平衡状态后能输出等幅持续振荡；稳定条件保证平衡状态不因外界不稳定因素影响而受到破坏。

（1）平衡条件（指振荡已经建立，为维持等幅振荡所要满足的条件）。

$\dot{A}_u$ 是放大器的开环电压放大倍数，$\dot{F}_u$ 是反馈网络的电压传输系数。

$$\dot{A}_u = \frac{\dot{U}_o}{\dot{U}_i} \qquad \dot{F}_u = \frac{\dot{U}_f}{\dot{U}_o}$$

$$\dot{U}_f = \dot{F}_u \dot{U}_o = \dot{F}_u \dot{A}_u \dot{U}_i$$

$$\dot{A}_{uf} = \frac{\dot{U}_o}{\dot{U}_s} = \frac{\dot{U}_o}{\dot{U}_i - \dot{U}_f} = \frac{\dot{U}_o / \dot{U}_f}{1 - \dot{U}_f / \dot{U}_i} = \frac{\dot{A}_u}{1 - \dot{A}_u \dot{F}_u}$$

当 $\dot{A}_u \dot{F}_u < 1$ 时为负反馈放大器，当 $\dot{A}_u \dot{F}_u = 1$ 时，$\dot{U}_f = \dot{U}_i$，放大器转换为振荡器。所以，振荡器平衡条件为 $\dot{A}_u \dot{F}_u = 1$。注意，振幅条件和相位条件必须同时满足，相位平衡条件确定振荡频率，振幅平衡条件确定振荡输出信号的幅值，如图 4 - 4 所示。

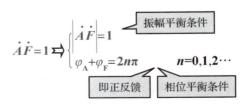

图 4 - 4　振荡器的平衡条件

（2）起振条件。

凡是振荡电路，均没有外加输入信号。那么，电路接通电源后是如何产生自激振荡的呢？这是由于在电路中存在着各种电的扰动（如通电时的瞬变过程、无线电干扰、工业干扰及各种噪声等），使输入端有一个扰动信号。这个不规则的扰动信号可用傅里叶级数展开成一个直流和多次谐波的正弦波叠加。如果电路本身具有选频、放大及正反馈能力，电路会自动从扰动信号中选出适当的振荡频率分量，经正反馈，再放大，再正反馈，使 $\dot{U}_f = \dot{U}_i$，即 $|\dot{A}\dot{F}| > 1$，从而使微弱的振荡信号不断增大，自激振荡就逐步建立起来了。

（3）稳定条件。

当振荡建立起来之后，这个振荡电压会不会无限增大呢？由于基本放大电路中三极管本身的非线性或反馈支路自身输出与输入关系的非线性，当振荡幅度增大到一定程度时 $\dot{A}$ 或 $\dot{F}$ 便会降低，使 $|\dot{A}\dot{F}| > 1$ 自动转变成 $|\dot{A}\dot{F}| = 1$，振荡电路就会稳定在某一振荡幅度。因此，振荡环路中必须包含具有非线性特性的环节，即稳幅环节，这个环节的作用一般由放大器实现，实现 $\dot{A}_u$ 随振幅的增大而下降。

①利用放大器非线性的内稳幅。

若从起振到稳幅是由晶体三极管伏安特性的非线性和自给反偏压电路共同作用的结果，则称为内稳幅。内稳幅时，随着振荡信号的增大，放大管逐渐进入非线性严重的区域，其输出电流将出现明显的非线性失真，工作状态将从甲类逐渐转换到甲乙类、乙类或者丙类，于是 $\dot{A}_u$ 逐渐下降。

②利用其他元器件非线性的外稳幅。

利用其他元器件非线性的外稳幅适用于选频网络的选频作用较差的振荡器，如 RC 振荡器。

总之，要产生稳定的正弦振荡，振荡器必须满足起振条件、平衡条件和稳定条件，三者缺一不可。

4. 反馈式振荡器的分析方法

反馈式振荡器是包含电抗元件的非线性闭环系统，借助计算机可对其进行近似数值分析。但工程上广泛采用下述近似方法。

（1）首先，检查环路是否包含可变增益放大器和相频特性具有负斜率变化的相移网络；闭合环路是否是正反馈。

（2）其次，分析起振条件。起振时，放大器小信号工作，可用小信号等效电路分析方法导出 $T(j\omega)$，并由此求出起振条件及由起振条件决定的电路参数和相应的振荡频率。若振荡电路合理，又满足起振条件，就能进入稳定的平衡状态，相应的电压振幅通过实验确定。

（3）最后，分析振荡器的频率稳定度，并提出改进措施。

5. 反馈式振荡器的主要性能指标

（1）频率稳定度。

①定义：频率稳定度又称频稳度，指在规定时间内，规定的温度、湿度、电源电压等变化范围内，振荡频率的相对变化量。

②种类。按规定时间的长短不同，频稳度可分长期频稳度、短期频稳度和瞬时（秒级）频稳度。长期频稳度是指一天以上乃至几个月内因元器件老化而引起的频率相对变化量；短期频稳度是指一天内因温度、电源电压等外界因素变化而引起的频率相对变化量；瞬时

（秒级）频稳度是指电路内部噪声引起的频率相对变化量。

（2）振幅稳定度。

振幅稳定度常用振幅的相对变化量用 S 来表示：

$$S = \frac{\Delta U_{om}}{U_{om}}$$

式中，U_{om} 为某一参考输出电压的振幅，ΔU_{om} 为 U_{om} 偏离该参考振幅的值。

4.2.2　LC 正弦波振荡器

（一）变压器反馈式振荡器

变压器反馈式振荡电路，又称互感耦合振荡电路，它利用变压器耦合获得适量的正反馈来实现自激振荡。

（二）三点式振荡器

1. 三点式振荡器的组成

晶体三极管的三个电极分别与三个电抗性元件相连接，形成三个接点，故称为三点式振荡器，如图 4 – 5 所示。

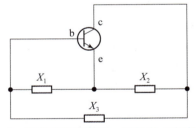

正弦波振荡器

图 4 – 5　三点式振荡器的一般形式（交流通路）

三点式振荡器要实现振荡，必须满足相位平衡条件与振幅平衡条件。为此电路组成结构必须遵循两个原则：

（1）与晶体三极管发射极相连接的电抗性元件 X_1、X_2 性质必须相同，即 be、ce 间电抗性质相同。

（2）不与晶体三极管发射极相连接的另一电抗性元件 X_3 的性质必须与其相反，即 be、ce 与 bc 间电抗性质相反。

遵循以上两个原则才能满足相位平衡条件，适当选择 X_1 与 X_2 的比值就能满足振幅平衡条件。

2. 电感三点式振荡器

电感三点式振荡器也称为哈特莱振荡器，如图 4 – 6 所示。与晶体三极管发射极相连接的电抗性元件 L_1 和 L_2 为感性，不与发射极相连接的另一电抗性元件 C 为容性，满足三点式振荡器的组成原则。因反馈网络是由电感元件完成的，适当选择 L_1 与 L_2 的比值就可满足振幅条件，故称为电感反馈三点式振荡器。电感三点式振荡器实际电路如图 4 – 7 所示。

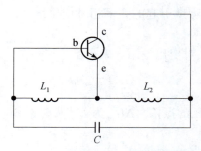

图 4 - 6　电感三点式振荡器原理

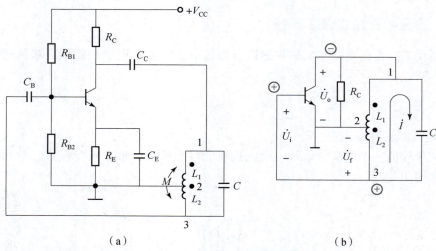

（a）　　　　　　　　　　　　（b）

图 4 - 7　电感三点式振荡器实际电路

（a）原理电路；（b）交流通路

（1）相位平衡条件。

根据瞬时极性法，$\dot{U}_{\text{f}}$ 与 $\dot{U}_{\text{i}}$ 同相，电路中引入正反馈，满足振荡的相位平衡条件。

（2）振荡频率。

由图 4 - 7（b）可得：

$$(\dot{I}j\omega_0 L_1 + \dot{I}j\omega_0 M) + (\dot{I}j\omega_0 L_2 + \dot{I}j\omega_0 M) + \dot{I}\frac{1}{j\omega_0 C} = 0$$

$$\omega_0 = \frac{1}{\sqrt{(L_1 + L_2 + 2M)C}}$$

令 $L = L_1 + L_2 + 2M$ 为回路的总电感，则振荡频率为：

$$f_0 \approx \frac{1}{2\pi}\frac{1}{\sqrt{(L_1 + L_2 + 2M)C}} = \frac{1}{2\pi\sqrt{LC}}$$

（3）起振条件。

可以推得，该振荡器的起振条件为：

$$\frac{r_{\text{be}}}{\beta r_{\text{ce}}} < \frac{L_2 + M}{L_1 + M} < \beta$$

式中，$\dfrac{L_2 + M}{L_1 + M} = F_u$ 为反馈系数的模。

可见，选择 β 大的管子和增大管子的静态电流有利于起振。上式表明，振荡器的反馈既不能太强，也不能太弱，否则对起振不利，这就要求 L 的抽头位置要合适。

（4）电路特点。

①优点：易起振，输出电压幅度较大；C 采用可变电容后很容易实现振荡频率在较宽频带内的调节，且调节频率时基本不影响反馈系数。

②缺点：高次谐波成分较大，输出波形差；由于 L_1 和 L_2 的分布电容及管子的输出、输入电容分别并联在 L_1 和 L_2 两端，使振荡频率较高时 F_u 减小，甚至不满足起振条件。因此这种振荡器多用在振荡频率在几十兆赫兹以下的电路中。

3. 电容三点式振荡器

电容三点式振荡器也称为考毕兹振荡器，如图 4 – 8 所示，与晶体三极管发射极相连接的电抗性元件 C_1 和 C_2 为容性，不与发射极相连接的另一电抗性元件 L 为感性，满足三点式振荡器的组成原则。因反馈网络是由电容元件完成的，适当选择 C_1 与 C_2 的比值，则可满足振幅条件，故称为电容反馈三点式振荡器。电容三点式振荡器实际电路如图 4 – 9 所示。

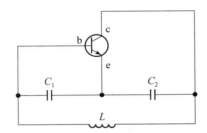

图 4 – 8　电容三点式振荡器原理

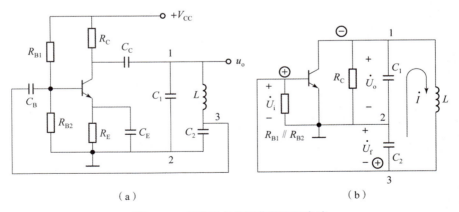

（a）　　　　　　　　　　　　　　（b）

图 4 – 9　电容三点式振荡器实际电路

（a）原理电路；（b）交流通路

（1）相位平衡条件。

根据瞬时极性法，$\dot{U}_f$ 与 $\dot{U}_i$ 同相，电路中引入正反馈，满足振荡的相位平衡条件。

（2）振荡频率：

$$f_0 \approx \frac{1}{2\pi\sqrt{LC}}$$

式中，$C = C_1 C_2 / (C_1 + C_2)$ 为回路的总电容。考虑到 r_{be} 和 r_{ce} 的影响，实际振荡频率稍高于 f_0。

（3）起振条件。

可以推得，该振荡器的起振条件为：

$$\frac{r_{be}}{\beta r_{ce}} < \frac{C_1}{C_2} < \beta$$

式中，$\dfrac{C_1}{C_2} = F_u$ 为反馈系数的模。

（4）电路特点。

①优点：高次谐波成分小，输出波形好；频率稳定度高；振荡频率高。

②缺点：频率不易调（调 L，调节范围小）。

增大 C_1/C_2，可增大反馈系数，提高输出幅值，但会使三极管输入阻抗的影响增大，使 Q 值下降，不利于起振，且波形变差，故 C_1/C_2 不宜过大，一般取 0.1~0.5。

4.2.3　RC 正弦波振荡器

RC 正弦波振荡器使用 RC 串并联网络作为反馈电路，利用 RC 串并联网络的选频作用对某一频率正弦波形成正反馈。RC 串并联选频网络如图 4-10 所示。输入信号频率低时，选频网络可以看作 RC 高通电路，频率越低，输出电压越小；输入信号频率高时，选频网络可以看作 RC 低通电路，频率越高，输出电压越小。

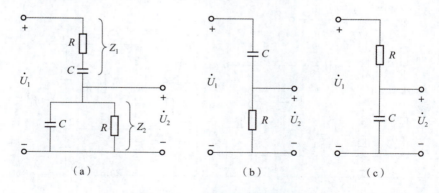

图 4-10　RC 串并联选频网络

（a）电路；（b）低频等效电路；（c）高频等效电路

RC 串并联网络的电压传输系数为：

$$\dot{F} = \frac{\dot{U}_2}{\dot{U}_1} = \frac{Z_2}{Z_1 + Z_2}$$

其中，

$$Z_1 = R + \frac{1}{\mathrm{j}\omega C} \qquad Z_2 = \frac{R\dfrac{1}{\mathrm{j}\omega C}}{R + \dfrac{1}{\mathrm{j}\omega C}}$$

因此

$$\dot{F} = \frac{1}{3 + \mathrm{j}\left(\omega RC - \dfrac{1}{\omega RC}\right)}$$

令 $\omega_0 = \dfrac{1}{RC}$，则

$$\dot{F} = \frac{1}{3 + \mathrm{j}\left(\dfrac{\omega}{\omega_0} - \dfrac{\omega_0}{\omega}\right)}$$

所以，幅频特性为：

$$F = \frac{1}{\sqrt{3^2 + \left(\dfrac{\omega}{\omega_0} - \dfrac{\omega_0}{\omega}\right)^2}}$$

相频特性为：

$$\phi_{\mathrm{f}} = -\arctan\left(\frac{\dfrac{\omega}{\omega_0} - \dfrac{\omega_0}{\omega}}{3}\right)$$

因此，在 $\omega = \omega_0$ 时，F 达最大值，等于 $1/3$，即输出电压是输入电压的 $1/3$；相位角 $\phi_{\mathrm{f}} = 0$，即输出电压与输入电压同相位。RC 串并联网络具有选频作用。

4.2.4　高频功率放大器

（一）高频功率放大器概述

高频功率放大器是各种无线发射机的主要组成部分，在高频电子电路中占有重要地位。我们知道，在低频放大电路中为了获得足够大的低频输出功率，必须采用低频功率放大器。同样，在高频范围，为了获得足够大的高频输出功率，也必须采用高频功率放大器。例如，无线对讲机发射器的电路中，由于在发射机里的振荡器所产生的高频振荡功率很小，因此在它后面要经过放大缓冲级、末级功率放大级获得足够的高频功率后，才能馈送到天线上辐射出去。这里所提到的放大级都属于高频功率放大器的范畴。由此可见，高频功率放大器是发送设备的重要组成部分。

高频功率放大器和低频功率放大器的共同特点都是输出功率大和效率高。但由于两者的工作效率和相对频带宽度相差很大，这就决定了它们之间有着根本的差异。低频功率放大器的工作频率低，但相对频带宽度却很宽。例如 20～20 000 Hz，高低频率之比达 1 000 倍，因此它们都是采用无调谐负载，如电阻、变压器等。高频功率放大器的工作频率很高（由几万千赫兹一直到几百、几千甚至几万兆赫兹），但相对频带很窄。例如，调幅广播电

台（535～1 605 kHz 的频率范围）的频带宽度为 10 kHz，则相对频宽只相当于中心频率的百分之一。中心频率越高，则相对频宽越小。因此，高频功率放大器一般都采用选频网络作为负载回路。由于这一特点，使得这两种放大器所选用的工作状态不同：低频功率放大器可以工作于甲类、甲乙类或乙类（限于推挽电路）状态；高频功率放大器则一般都工作于丙类（某些特殊情况可工作于乙类）。近年来，宽频带发射机的中间级还广泛采用一种新型的宽带、高频功率放大器。它不采用选频网络作为负载回路，而是以频率响应很宽的传输线作负载。这样它可以在很宽的范围内变换工作频率，而不必重新调谐。

综上所述，高频功率放大器与低频功率放大器的共同点是要求输出功率大，效率高；它们的不同点是两者的工作频率相对频宽不同，因而负载网络与工作状态也不同。

另外，放大器可以按照电流流通角的不同，分为甲、乙、丙三类工作状态。甲类放大器电流的流通角为 360°，适用于小信号低功率放大。乙类放大器电流的流通角等于 180°；丙类放大器电流的流通角则小于 180°。乙类和丙类都适用于大功率工作。丙类工作状态的输出功率和效率是三种工作状态中最高的。高频功率放大器大多工作于丙类。但丙类放大器的电流波形失真太大，因而不能用于低频功率放大，只能用于采用调谐回路作为负载的谐振功率放大。由于调谐回路具有选频能力，所以回路电流与电压仍然接近于正弦波形，失真很小。

1. 高频功率放大器的分类

根据相对工作频带的宽窄不同，高频功率放大器可分为窄带型和宽带型两大类。

（1）窄带型高频功率放大器。通常采用谐振网络作负载，又称为谐振功率放大器。为了提高效率，谐振功率放大器一般工作于丙类状态或乙类状态，近年来出现了工作在丁类状态（开关状态）的谐振功率放大器。

（2）宽带型高频功率放大器。采用传输线变压器作负载，传输线变压器的工作频带很宽，可以实现功率合成。

2. 谐振功率放大器的特点

（1）采用谐振网络作负载。

（2）一般工作在丙类或乙类状态。

（3）工作频率和相对通频带相差很大。

（4）技术指标要求输出功率大、效率高。

3. 谐振功率放大器与小信号谐振放大器的异同

（1）相同之处：它们放大的信号均为高频信号，而且放大器的负载均为谐振回路。

（2）不同之处：激励信号幅度大小不同，放大器工作点不同，晶体三极管动态范围不同。

（二）丙类谐振功率放大器

1. 丙类谐振功率放大器原理

丙类谐振功率放大器原理电路如图 4-11 所示。

LC 谐振网络为放大器的并联谐振网络。谐振网络的谐振频率为信号的中心频率，其作用是滤波和匹配。V_{BB} 是基极直流电压，其作用是保证三极管工作在丙类状态。V_{BB} 的值应小于放大管的导通电压 U_{on}，通常取 $V_{BB} \leqslant 0$。V_{CC} 是集电极直流电压，其作用是给放大管合理的静态偏置，提供直流能量。

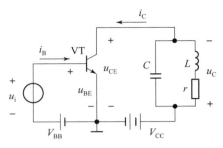

图 4 – 11　丙类谐振功率放大器

2. 丙类谐振功率放大器的工作状态

丙类谐振功率放大器有欠压状态、临界状态、过压状态三种工作状态。在实际工作中，丙类放大器的工作状态与 V_{CC}、V_{BB} 和 R 都有关系。

（1）欠压状态：管子导通时均处于放大区。

（2）临界状态：管子导通时从放大区进入临界饱和状态。

（3）过压状态：管子导通时将从放大区进入饱和区。

在丙类谐振功率放大器中，工作状态不同，放大器的输出功率和管耗就大不相同，因此必须分析各种工作状态的特点，以及 V_{CC}、V_{BB} 和 R 的变化对工作状态的影响，即对丙类谐振功率放大器的特性进行分析。

3. 丙类谐振功率放大器电路的构成原则

谐振功率放大器的集电极馈电电路，应保证集电极电流 i_C 中的直流分量 I_{C0} 只流过集电极直流电源 V_{CC}（即对直流而言，V_{CC} 应直接加至晶体三极管 c、e 两端），以便直流电源提供的直流功率全部交给晶体三极管；还应保证谐振回路两端仅有基波分量压降（即对基波而言，回路应直接接到晶体三极管 c、e 两端），以便把变换后的交流功率传送给回路负载；另外也应保证外电路对高次谐波分量 i_{cn} 呈现短路，以免产生附加损耗。

谐振功率放大器的基极馈电电路的组成原则与集电极馈电电路相仿。第一，基极电流中的直流分量 I_{B0} 只流过基极偏置电源（即 V_{BB} 直接加到晶体三极管 b、e 两端）；第二，基极电流中的基波分量 i_{b1} 只流过输入端的激励信号源，以便使输入信号控制晶体三极管工作，实现放大。

4. 丙类谐振功率放大器的匹配网络

在谐振功率放大器中，为满足它的输出功率和效率的要求，并有较高的功率增益，除选择放大器的工作状态外，还必须正确设计输入和输出匹配网络。输入和输出匹配网络在谐振功率放大器中的连接情况如图 4 – 12 所示。无论是输入匹配网络还是输出匹配网络，它们都具有传输有用信号的作用，故又称为耦合电路。对于输出匹配网络，要求它具有滤波和阻抗变换功能，即：滤除各次分量，使负载上只有基波电压；将外接负载 R_L 变换成谐振功率放大器所要求的负载电阻 R，以保证放大器输出所需的功率。因此，匹配网络也称为滤波匹配网络。对于输入匹配网络，要求它把放大器的输入阻抗变换为前级信号源所需的负载阻抗，使电路能从前级信号源获得尽可能大的激励功率。

（三）丁类谐振功率放大器

高频功率放大器的主要问题是如何尽可能地提高它的输出功率与效率。丙类谐振功率放

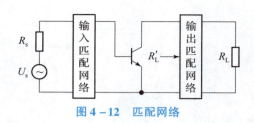

图 4－12　匹配网络

大器就是依靠减小管子的导通时间（或半导通 θ）来提高放大器效率。但是 θ 的减小是有一定限度的，因为 θ 太小时，效率虽然很高，但 I_{cml} 因下降太多，导致输出功率反而下降。要想维持 I_{cml} 不变，就必须加大激励电压，这又可能因激励电压过大，从而引起管子的反向击穿。

解决上述矛盾的方法就是采用丁类谐振功率放大器。在丁类谐振功率放大器中，功率管工作于开关状态，由于饱和导通时管子的管压降很小（虽然其电流很大），而截止时管子的电流接近于 0（虽然其管压降很大），因此管耗很小，效率大大提高（理想状态下为100％，一般可达到90％）。显然，丁类谐振功率放大器的 $\theta = 90°$。

丁类谐振功率放大器有两种类型的电路：一种是电流开关型，另一种是电压开关型。下面仅对电压开关型丁类谐振功率放大器做一个简单介绍。

电压开关型丁类谐振功率放大器的原理电路如图 4－13 所示。图中，高频变压器 Tr 使加到两管发射结的激励电压 u_{b1} 与 u_{b2} 大小相等、极性相反；VT_1 与 VT_2 是特性相同的同类型高频功率管。若输入电压 u_i 是频率为 ω_c 的余弦波，且其振幅足够大，则当 u_i 为正半周期时，VT_1 饱和导通而 VT_2 截止；u_i 为负半周期时，VT_2 饱和导通而 VT_1 截止。显然，图中的 A 点对地电压 u_A 在 u_i 正半周时为 $V_{CC} - U_{CE(sat)}$，在 u_i 负半周时为 $U_{CE(sat)}$，则 u_A 为幅度等于 $V_{CC} - 2U_{CE(sat)}$ 的方波电压，如图 4－14 所示。该电压加到由 L、C、R_L 组成的串联谐振回路上，若谐振回路谐振在 ω_c 上，且其 Q 值足够高（即选频作用好），则回路对基波分量呈现很小的纯电阻性阻抗（约等于 R_L），而对其他频率分量呈现的阻抗很大，可近似看成开路。因此，u_A 中只有基波分量才能顺利通过 L、C，称为输出电压 u_o，即 u_o 是频率为 ω_c 的不失真的余弦波。显然，通过回路的电流 i_L 也是频率为 ω_c 的余弦波。

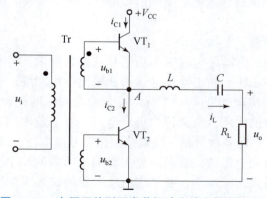

图 4－13　电压开关型丁类谐振功率放大器原理电路

由图 4－13 可知，$i_L = i_{C1} - i_{C2}$。当 u_i 为正半周期时，$i_{C2} = 0$，$i_L = i_{C1}$；当 u_i 为负半周期时，$i_{C1} = 0$，$i_L = -i_{C2}$。根据上述分析，可画出有关电压和电流的波形，如图 4－14 所示。

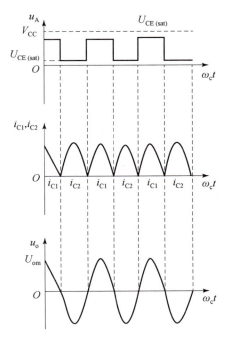

图 4 - 14　丁类谐振功率放大器的电压和电流波形

4.2.5　倍频器和分频器

（一）倍频器

倍频器是一种输出频率等于输入频率整数倍的电路，用以提高频率。在发射系统中常采用晶体管倍频器来获得所需要的发射信号频率。

1. 采用倍频器的原因

①降低主振器的频率，对频率稳定指标是有利的。

②为了提高发射信号频率的稳定程度，主振器常采用石英晶体振荡器，但限于工艺，石英晶体谐振器的频率目前只能达到几十 MHz，为了获得频率更高的信号，主振后需要倍频。

③加大调频发射机信号的频移或相移，即加深调制度。

④倍频器的输入信号与输出信号的频率是不相同的，因而可削弱前后级寄生耦合，对发射机的稳定工作是有利的。

⑤展宽通频带。

2. 倍频器常见形式

晶体管倍频器有两种主要形式：一种是利用丙类放大器电流脉冲中的谐波来获得倍频，叫作丙类倍频器；另一种是参量倍频器，它利用晶体三极管的结电容与外加电压的非线性关系对输入信号进行非线性变换，再由谐振回路从中选取所需的 n 次谐波分量，从而实现 n 倍频，其工作频率可达 100 MHz 以上。

（二）分频器

分频器通常用来对某个给定的时钟频率进行分频，以得到所需的时钟频率。在设计数字电路中会经常用到多种不同频率的时钟脉冲，一般由一个固定的晶振时钟频率来产生所需要的不同频率的时钟脉冲信号。

分频器是一种基本电路，一般包括数字分频器、模拟分频器和射频分频器。数字分频器采用的是计数器的原理，权值为分频系数；模拟分频器就是一个频率分配器，用带阻带通实现（比如音箱上高中低喇叭的分配器）；射频分频器也是滤波器原理，用带内外衰减、阻抗匹配实现。

数字分频器 4060 的引脚定义如图 4 – 15 所示，晶体振荡器输出频率为 32 768 Hz（2^{15} Hz），经 14 次分频后，得到的信号频率为

$$f = \frac{2^{15}}{2^{14}} = 2\,(\mathrm{Hz})$$

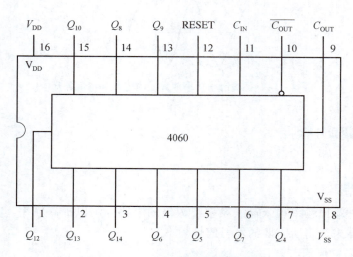

图 4 – 15　分频器 4060 的引脚

根据分频次数不同，4060 可以得到 10 种频率的脉冲信号，如表 4 – 1 所示。

表 4 – 1　分频器 4060 输出的脉冲信号

芯片引脚	3#	2#	1#	15#	13#	14#	6#	4#	5#	7#
分频次数	14	13	12	10	9	8	7	6	5	4
输出频率	2^1	2^2	2^3	2^5	2^6	2^7	2^8	2^9	2^{10}	2^{11}

分频器 4060 的工作原理是利用 T′ 触发器的翻转功能，达到分频的目的，如图 4 – 16 所示。其工作波形如图 4 – 17 所示。

数字分频器 4060 最低可输出频率为 2 Hz 的脉冲信号，再经过一次分频，即可得到 1 Hz 的脉冲信号。

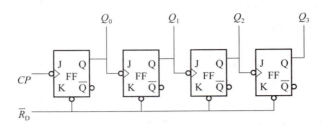

图 4 – 16　分频器 4060 的工作原理

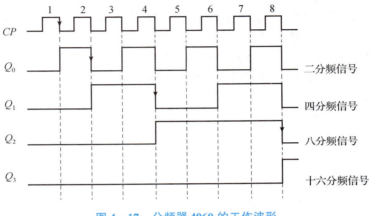

图 4 – 17　分频器 4060 的工作波形

4.2.6　脉冲信号发生器

1. 由集成运放构成的脉冲信号发生器

由集成运放构成的脉冲信号发生电路如图 4 – 18 所示。

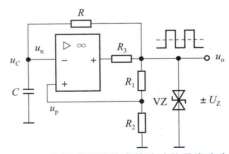

图 4 – 18　由集成运放构成的脉冲信号发生电路

图 4 – 18 中的集成运放作为电压比较器。双向稳压管的稳定电压为 $\pm U_Z$。

电压比较器的输出电压有高电平和低电平两种情况：

$$u_o = \begin{cases} + U_Z, & \text{当 } u_p > u_n \text{ 时} \\ - U_Z, & \text{当 } u_p < u_n \text{ 时} \end{cases}$$

在 $u_p = u_n$ 时，输出电平翻转，即若 u_o 原来为高电平，则此时变成低电平输出，若 u_o 原来为低电平，则此时变成高电平输出。并且

$$u_p = \begin{cases} + \dfrac{R_2}{R_1 + R_2} U_Z = + U_F, \text{当 } u_o = + U_Z \text{ 时} \\ - \dfrac{R_2}{R_1 + R_2} U_Z = - U_F, \text{当 } u_o = - U_Z \text{ 时} \end{cases}$$

假设在电路接通电源瞬间，输出为高电平，$u_o = + U_Z$，此时 $u_p = + U_F$，则电压 u_o 通过电阻 R 给电容 C 充电，电压 $u_C = u_n$ 开始上升，当升高到 $u_C = u_n = + U_F = u_p$ 时，输出翻转为低电平，$u_o = - U_Z$（此时 u_p 也变为 $- U_F$）。

由于输出端变为负电压，于是电容 C 开始通过电阻 R 放电，电压 $u_C = u_n$ 开始下降，当降低到 $u_C = u_n = - U_F = u_p$ 时，输出翻转为高电平，$u_o = + U_Z$（此时 u_p 也变为 $+ U_F$），如此循环下去，电路就振荡起来，输出为方波，即周期为 $T = T_1 + T_2$，且 $T_1 = T_2$，占空比 $D = T_1/T = 50\%$。u_C、u_o 随时间变化的波形如图 4 – 19 所示。

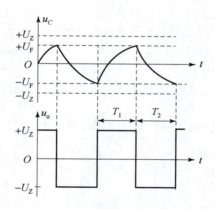

图 4 – 19　由集成运放构成的脉冲信号发生电路工作波形

理论上可以证明，该电路产生方波振荡的周期为：

$$T = 2RC\ln\left(1 + 2\frac{R_1}{R_2}\right)$$

频率 $f_0 = 1/T$。改变电阻 R 的阻值即可改变输出信号的频率。

图 4 – 18 中所输出的电压是方波，即占空比为 50% 的矩形波，是因为电容 C 在 $+ U_F$ 与 $- U_F$ 之间进行充放电过程中，只通过一只电阻 R 充电或放电，也就是充电时间常数（T_1）与放电时间常数（T_2）相同。如果设法使充电时间常数与放电时间常数不相等，那么就会在输出端产生占空比不等于 50% 的矩形波。

由集成运放构成的脉冲信号发生器的特点：电路简单，属于 RC 振荡；频率连续可调，但不容易获得高频信号；频率不够精确、稳定。

2. 由晶振构成的脉冲信号发生器

由晶振构成的脉冲信号发生电路如图 4 – 20 所示。由数字分频器 4060 和晶振组成，其特点为：电路简单，属于三点式振荡；可以获得各种频率的方波信号；频率精确、稳定。

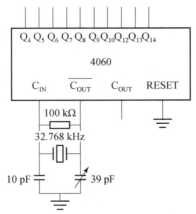

图 4 – 20   由晶振构成的脉冲信号发生电路

3. 由 555 定时器构成的脉冲信号发生器

集成 555 定时器是一种中规模集成电路，引脚定义如图 4 – 21 所示。

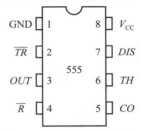

图 4 – 21   555 定时器的引脚

将 555 定时器的 TH 端和 $\overline{TR}$ 端连在一起再外接电阻 R_1、R_2 和电容 C，便构成了多谐振荡器，如图 4 – 22 所示。多谐振荡器是一种无稳态电路，在接通电源后，不需要外加触发信号，电路在两个暂稳态之间做交替变化，产生矩形波输出。

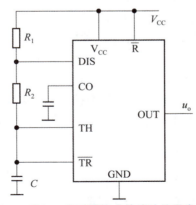

图 4 – 22   由 555 定时器构成的脉冲信号发生电路

在由 555 定时器构成的脉冲信号发生电路中，u_C、u_o 随时间变化的波形如图 4 – 23 所示。图 4 – 23 中，$t_{W1} \approx 0.7(R_1 + R_2)C$，$t_{W2} \approx 0.7R_2C$；

振荡周期 $T = t_{W1} + t_{W2} \approx 0.7(R_1 + 2R_2)C$；

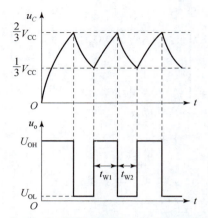

图 4 - 23　由 555 定时器构成的脉冲信号发生电路工作波形

占空比 $D = \dfrac{t_{W1}}{T} = \dfrac{R_1 + R_2}{R_1 + 2R_2}$。

对于给定的振荡频率和占空比，先设定一个合适的电容 C，即可确定外围元件 R_1、R_2 的参数，从而设计出振荡电路。

4.3　操作实施

4.3.1　无线对讲机发射器的分析

（一）无线对讲机发射器的工作原理

无线对讲机发射器电路如图 4 - 24 所示，变化着的声波被驻极体转换为变化着的电信号，经 R_1、R_2、C_1 阻抗均衡后，由 VT_1 进行调制放大。C_2、C_3、C_4、C_5、L_1 以及 VT_1 集电极与发射极之间的结电容 C_{ce} 构成一个 LC 振荡电路。在调频电路中，很小的电容变化也会引起很大的频率变化。当电信号变化时，相应的 C_{ce} 会有变化，这样频率就会有变化，达到了调频的目的。经过 VT_1 调制放大的信号经 C_6 耦合至发射管 VT_2，通过 TX、C_7 向外发射调频信号。VT_1、VT_2 用 9018 超高频三极管作为振荡和发射专用管。在发射部分中有 LC 振荡，该振荡电路的作用是用来产生频率从 1 Hz 以下到几百兆赫兹的交流信号。

（二）示波器的工作原理与使用

示波器是一种用途十分广泛的电子测量仪器。它能把肉眼看不见的电信号变换成看得见的图像，便于人们研究各种电现象的变化过程。示波器利用狭窄的、由高速电子组成的电子束，打在涂有荧光物质的屏面上，就可产生细小的光点（这是传统的模拟示波器的工作原理）。在被测信号的作用下，电子束就好像一支笔的笔尖，可以在屏面上描绘出被测信号的瞬时值的变化曲线。利用示波器能观察各种不同信号幅度随时间变化的波形曲线，还可以用它测试各种不同的电量，如电压、电流、频率、相位差、调幅度等。

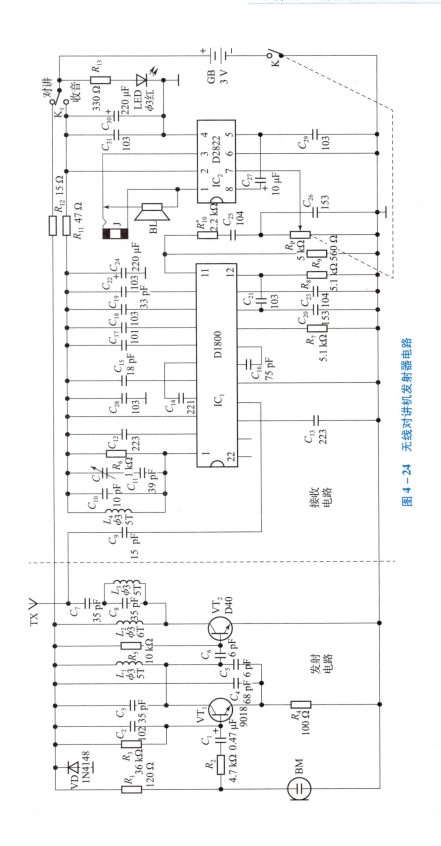

图 4 – 24　无线对讲机发射器电路

1. 示波器的分类

（1）按照信号的不同分类，示波器可分为模拟示波器和数字示波器。

模拟示波器采用的是模拟电路（示波管，其基础是电子枪）。电子枪向屏幕发射电子，发射的电子经聚焦形成电子束，并打到屏幕上。屏幕的内表面涂有荧光物质，这样电子束打中的点就会发出光来。

数字示波器通过模/数转换器把被测电压变为数字信息。它捕获的是波形的一系列样值，并对样值进行存储，存储限度是累计样值能描绘出波形为止，随后重构波形。数字示波器可以分为数字存储示波器、数字荧光示波器和采样示波器。

模拟示波器要提高带宽，需要示波管、垂直放大和水平扫描全面推进。数字示波器要改善带宽只需要提高前端的 A/D 转换器的性能，对示波管和扫描电路没有特殊要求。加上数字示波器具有记忆、存储和处理，以及多种触发和超前触发能力，20 世纪 80 年代数字示波器异军突起，大有全面取代模拟示波器之势。

（2）按照结构和性能的不同分类，示波器可分为以下几种类型。

①普通示波器：电路结构简单，频带较窄，扫描线性差，仅用于观察波形。

②多用示波器：频带较宽，扫描线性好，能对直流、低频、高频、超高频信号和脉冲信号进行定量测试。借助幅度校准器和时间校准器，测量的准确度可达 ±5%。

③多线示波器：采用多束示波管，能在荧光屏上同时显示两个以上同频信号的波形，没有时差，时序关系准确。

④多踪示波器：具有电子开关和门控电路的结构，可在单束示波管的荧光屏上同时显示两个以上同频信号的波形。但存在时差，时序关系不准确。

⑤取样示波器：采用取样技术将高频信号转换成模拟低频信号进行显示，有效频带可达 GHz 级。

⑥记忆示波器：采用存储示波管或数字存储技术，将单次电信号瞬变过程、非周期现象和超低频信号长时间保留在示波管的荧光屏上或存储在电路中，以供重复测试。

⑦数字示波器：内部带有微处理器，外部装有数字显示器，有的产品在示波管荧光屏上既可显示波形，又可显示字符。被测信号经模/数变换器（A/D 变换器）送入数据存储器，通过键盘操作，可对捕获波形的参数数据进行加、减、乘、除、求平均值、求平方根值、求均方根值等运算，并显示出答案。

2. 模拟示波器的组成结构

模拟示波器由示波管、Y 轴放大电路、X 轴放大电路、扫描同步电路（锯齿波发生器）和电源供给电路组成，如图 4-25 所示。

（1）示波管。

示波管是一种特殊的电子管，是示波器的一个重要组成部分。示波管由电子枪、偏转系统（偏转电极）和荧光屏 3 个部分组成，如图 4-26 所示。

①电子枪。

电子枪用于产生并形成高速、聚束的电子流，去轰击荧光屏使之发光。它主要由灯丝 F、阴极 K、控制极 G、第一阳极 A_1、第二阳极 A_2 组成。除灯丝外，其余电极的结构都为金属圆筒，且它们的轴心都保持在同一轴线上。阴极被加热后，可沿轴向发射电子；控制极相对阴极来说是负电位，改变电位可以改变通过控制极小孔的电子数目，也就是控制荧

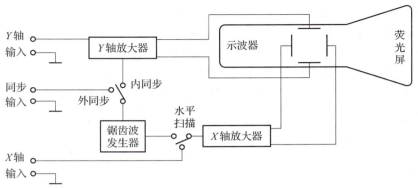

图 4 - 25　示波器的组成结构

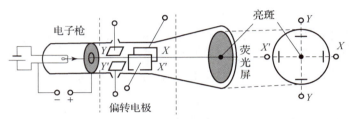

图 4 - 26　示波管的结构

光屏上光点的亮度。为了提高荧光屏上光点亮度，又不降低对电子束偏转的灵敏度，现代示波管中，在偏转系统和荧光屏之间还加上一个后加速电极 A_3。

第一阳极对阴极而言加有几百伏的正电压。在第二阳极上加有一个比第一阳极更高的正电压。穿过控制极小孔的电子束，在第一阳极和第二阳极高电位的作用下，得到加速，向荧光屏方向做高速运动。由于电荷的同性相斥，电子束会逐渐散开。通过第一阳极、第二阳极之间电场的聚焦作用，使电子重新聚集起来并交汇于一点。适当控制第一阳极和第二阳极之间电位差的大小，便能使焦点刚好落在荧光屏上，显现一个光亮细小的圆点。改变第一阳极和第二阳极之间的电位差，可起调节光点聚焦的作用，这就是示波器的"聚焦"和"辅助聚焦"调节的原理。第三阳极是在示波管锥体内部涂上一层石墨形成的，通常加有很高电压，它有以下 3 个作用。

（a）使穿过偏转系统以后的电子进一步加速，使电子有足够的能量去轰击荧光屏，以获得足够的亮度。

（b）石墨层涂在整个锥体上，能起到屏蔽作用。

（c）电子束轰击荧光屏会产生二次电子，处于高电位的 A_3 可吸收这些电子。

②偏转系统。

示波管的偏转系统大都是静电偏转式的，它由两对相互垂直的平行金属板组成，分别称为水平偏转板和垂直偏转板，分别控制电子束在水平方向和垂直方向的运动。当电子在偏转板之间运动时，如果偏转板上没有加电压，则偏转板之间无电场，离开第二阳极后进入偏转系统的电子将沿轴向运动，射向屏幕的中心。如果偏转板上有电压，则偏转板之间有电场，进入偏转系统的电子会在偏转场的作用下射向荧光屏的指定位置。

如果两块偏转板互相平行，并且它们的电位差等于零，那么通过偏转板空间的，具有速度的电子束就会沿着原方向（设为轴线方向）运动，并打在荧光屏的坐标原点上。如果两块偏转板之间存在着恒定的电位差，则偏转板间就形成一个电场，这个电场与电子的运动方向相垂直，于是电子就朝着电位比较高的偏转板偏转。这样，在两偏转板之间的空间，电子就沿着抛物线在这一点上做切线运动。最后，电子降落在荧光屏上的某点，这个点距离荧光屏原点有一段距离，这段距离称为偏转量。偏转量与偏转板上所加的电压成正比，包括垂直偏转量 Y 和水平偏转量 X。

③荧光屏。

荧光屏位于示波管的终端，它的作用是将偏转后的电子束显示出来，以便观察。在示波器的荧光屏内壁涂有一层发光物质，荧光屏上受到高速电子冲击的地点会发出荧光。光点的亮度取决于电子束的数目、密度及其速度。改变控制极的电压，电子束中电子的数目将随之改变，光点亮度也就改变。在使用示波器时，不宜让很亮的光点固定出现在示波管荧光屏一个位置上，否则该点荧光物质将因长期受电子冲击而烧坏，失去发光能力。

涂有不同荧光物质的荧光屏，在受电子冲击时将显示出不同的颜色和不同的余辉时间。通常，供观察一般信号波形用的是发绿光的中余辉示波管；供观察非周期性及低频信号用的是发橙黄色光的长余辉示波管；供照相用的示波器，一般都采用发蓝色的短余辉示波管。

（2）Y 轴放大电路。

由于示波管的偏转灵敏度甚低，例如常用的示波管 13SJ38J 型，其垂直偏转灵敏度为 0.86 mm/V（约 12 V 电压产生 1 cm 的偏转量），所以一般的被测信号电压都要先经过垂直放大电路的放大，再加到示波管的垂直偏转板上，以得到垂直方向的大小适当的图形。

（3）X 轴放大电路。

由于示波管水平方向的偏转灵敏度也很低，所以接入示波管水平偏转板的电压（锯齿波电压或其他电压）也要先经过水平放大电路的放大以后，再加到示波管的水平偏转板上，以得到水平方向大小适当的图形。

（4）扫描同步电路。

扫描电路会产生一个锯齿波电压。该锯齿波电压的频率能在一定的范围内连续可调。锯齿波电压的作用是使示波管阴极发出的电子束在荧光屏上形成周期性的、与时间成正比的水平位移，即形成时间基线。这样，才能把加在垂直方向的被测信号按时间的变化波形展现在荧光屏上。

（5）电源供给电路。

电源供给电路主要由垂直与水平放大电路、扫描与同步电路以及示波管与控制电路提供所需的负高压、灯丝电压等组成。

如图 4 - 25 所示，被测信号电压加到示波器的 Y 轴输入端，经垂直放大电路加于示波管的垂直偏转板。示波管的水平偏转电压，虽然多数情况都采用锯齿电压（用于观察波形时），但有时也采用其他的外加电压（用于测量频率、相位差等时），因此在水平放大电路输入端有一个水平信号选择开关，以便按照需要选用示波器内部的锯齿波电压，或选用外加在 X 轴输入端上的其他电压来作为水平偏转电压。

此外，为了使荧光屏上显示的图形保持稳定，要求锯齿波电压信号的频率和被测信号的频率保持同步。这样，不仅要求锯齿波电压的频率能连续调节，而且在产生锯齿波的电路上还要输入一个同步信号。对于只具有连续扫描（即产生周而复始、连续不断的锯齿波）

一种状态的简易示波器（如国产 SB10 型等示波器）而言，需要在其扫描电路上输入一个与被观察信号频率相关的同步信号，以牵制锯齿波的振荡频率；对于具有等待扫描功能（即平时不产生锯齿波，当被测信号来到时才产生一个锯齿波，进行一次扫描）的示波器（如国产 ST－16 型示波器、SR－8 型双踪示波器等），为了适应各种需要，同步（或触发）信号可通过同步或触发信号选择开关来选择，通常来源有 3 个：

①从垂直放大电路引来被测信号作为同步（或触发）信号，此信号称为"内同步"（或"内触发"）信号。

②引入某种相关的外加信号为同步（或触发）信号，此信号称为"外同步"（或"外触发"）信号，该信号加在外同步（或外触发）输入端。

③有些示波器的同步信号选择开关还有一挡——"电源同步"，它的作用是由 220 V、50 Hz 电源电压通过变压器次级降压后作为同步信号。

3. 模拟示波器的工作原理

（1）波形显示。

由示波管的工作原理可知，一个直流电压加到一对偏转板上时，将使光点在荧光屏上产生一个固定位移，该位移的大小与所加直流电压成正比。如果分别将两个直流电压同时加到垂直和水平两对偏转板上，则荧光屏上的光点位置就由两个方向的位移共同决定。

将一个正弦交流电压加到一对偏转板上时，光点在荧光屏上将随电压的变化而移动。当垂直偏转板上加一个正弦交流电压时，在时间 $t=0$ 的瞬间，电压为 U_0（零值），荧光屏上的光点位置在坐标原点 0 上；在时间 $t=1$ 的瞬间，电压为 U_1（正值），荧光屏上光点在坐标原点 0 点上方的 1 上，位移的大小正比于电压 U_1；在时间 $t=2$ 的瞬间，电压为 U_2（最大正值），荧光屏上的光点在坐标原点 0 点上方的 2 点上，位移的距离正比于电压 U_2；以此类推，在时间 $t=3$、$t=4$、…、$t=8$ 的各个瞬间，荧光屏上光点位置分别为 3、4、…、8 点。在交流电压的第二个周期、第三个周期……都将重复第一个周期的情况。若此时加在垂直偏转板上的正弦交流电压的频率很低，仅为 $1\sim2$ Hz，那么，在荧光屏上便会看见一个上下移动着的光点。这光点距离坐标原点的瞬时偏转值将与加在垂直偏转板上的电压瞬时值成正比。若加在垂直偏转板上的交流电压频率在 $10\sim20$ Hz 以上，则由于荧光屏的余辉现象和人眼的视觉暂留现象，在荧光屏上看到的就不是一个上下移动的点，而是一根垂直的亮线了。该亮线的长短，在示波器的垂直放大增益一定的情况下取决于正弦交流电压峰－峰值的大小。在水平偏转板上加一个正弦交流电压，则会产生相类似的情况，只是光点在水平轴上移动罢了。

如果将一随时间线性变化的电压（如锯齿波电压）加到一对偏转板上，则光点在荧光屏上又会怎样移动呢？当水平偏转板上有锯齿波电压时，在时间 $t=0$ 瞬间，电压为 U_0（最大负值），荧光屏上光点在坐标原点左侧的起始位置（零点上），位移的距离正比于电压 U_0；在时间 $t=1$ 的瞬间，电压为 U_1（负值），荧光屏上光点在坐标原点左方的 1 点上，位移的距离正比于电压 U_1；以此类推，在时间 $t=2$、$t=3$、…、$t=8$ 的各个瞬间，荧光屏上光点的对应位置是 2、3、…、8 各点。在 $t=8$ 这个瞬间，锯齿波电压由最大正值 U_8 跃变到最大负值 U_0，则荧光屏上光点从 8 点极其迅速地向左移到起始位置零点。如果锯齿波电压是周期性的，则在锯齿波电压的第二个周期、第三个周期、……都将重复第一个周期的情形。若此时加在水平偏转板上的锯齿波电压频率很低，仅为 $1\sim2$ Hz，在荧光屏上便会看见光点自左边起始位置零点向右边 8 点处匀速地移动，随后光点又从右边 8 点处极其迅速地移动到左边起始位置零点。上述这个过程称为扫描。在水平轴加有周期性锯齿波电压时，扫描将周而复始地进行下去。光点距离坐标原点的瞬时偏转值，将与加在偏转板上的电压瞬时值成正比。若加在偏转板上的锯齿波电压频率在 10 Hz 以上，则由于荧光屏的余辉现象和人眼的视觉暂留现象，会看到一根水平亮线，该水平亮线的长度，在示波器水平放大增益一定的情况下取决于锯齿波电压值，锯齿波电压值是与时间变化成正比的，而荧光屏上光点的位移又是与电压值成正比的，因此荧光屏上的水平亮线可以代表时间轴。在此亮线上的任何相等的线段都代表相等的一段时间。

如果将被测信号电压加到垂直偏转板上，锯齿波扫描电压加到水平偏转板上，而且被测信号电压的频率等于锯齿波扫描电压的频率，则荧光屏上将显示出一个周期的被测信号电压随时间变化的波形曲线。在被测周期信号的第二个周期、第三个周期……都重复第一个周期的情形，光点在荧光屏上描出的轨迹也都重叠在第一次描出的轨迹上。所以，荧光屏上显示出来的被测信号电压是随时间变化的稳定波形曲线。

为使荧光屏上的图形稳定，被测信号电压的频率应与锯齿波电压的频率保持整数比的关系，即同步关系。为了实现这一点，就要求锯齿波电压的频率连续可调，以便适应观察各种不同频率的周期信号。其次，由于被测信号频率和锯齿波振荡信号频率的相对不稳定性，即使把锯齿波电压的频率临时调到与被测信号频率成整倍数关系，也不能使图形一直保持稳定。因此，示波器中都设有同步装置。也就是在锯齿波电路的某部分加上一个同步信号来促使扫描的同步，对于只能产生连续扫描（即产生周而复始连续不断的锯齿波）一种状态的简易示波器（如国产 SB－10 型示波器等）而言，需要在其扫描电路上输入一个与被观察信号频率相关的同步信号，当所加同步信号的频率接近锯齿波频率的自主振荡频率（或接近其整数倍）时，就可以把锯齿波频率"拖入同步"或"锁住"。对于具有等待扫描（即平时不产生锯齿波，当被测信号来到时才产生一个锯齿波进行一次扫描）功能的示波器（如国产 ST－16 型示波器、SBT－5 型同步示波器、SR－8 型双踪示波器等）而言，需要在其扫描电路上输入一个与被测信号相关的触发信号，使扫描过程与被测信号密切配合。这样，只要按照需要来选择适当的同步信号或触发信号，便可使锯齿波扫描频率与任何欲研究的信号保持同步。

（2）双线示波。

在电子技术实践过程中，常常需要同时观察两种（或两种以上）信号随时间变化的过程，并对这些不同信号进行电量的测试和比较。为了达到这个目的，人们在普通示波器原理的基础上，采用了以下两种同时显示多个波形的方法：一种是双线（或多线）示波法；另一种是双踪（或多踪）示波法。应用这两种方法制造出来的示波器分别称为双线（或多线）示波器和双踪（或多踪）示波器。

双线（或多线）示波器是采用双枪（或多枪）示波管来实现的。下面以双枪示波管为例加以简单说明。双枪示波管有两个互相独立的电子枪，会产生两束电子。另有两组互相独立的偏转系统，它们各自控制一束电子做上下、左右运动。荧光屏是共用的，因而屏上可以同时显示出两种不同的电信号波形，双线示波也可以采用单枪双线示波管来实现。这种示波管只有一个电子枪，在工作时依靠特殊的电极把电子分成两束。然后，由管内的两组互相独立的偏转系统，分别控制两束电子做上下、左右运动，荧光屏是共用的，能同时显示出两种不同的电信号波形。由于双线示波管的制造工艺要求高，成本也高，所以应用并不十分普遍。

（3）双踪示波。

双踪（或多踪）示波是在单线示波器的基础上，增设一个专用电子开关，用它来实现两种（或多种）波形的分别显示。由于实现双踪（或多踪）示波比实现双线（或多线）示波来得简单，不需要使用结构复杂、价格昂贵的"双腔"或"多腔"示波管，所以双踪（或多踪）示波器获得了普遍的应用。

为了保持荧光屏显示出来的两种信号波形稳定，就要求被测信号频率、扫描信号频率与电子开关的转换频率三者之间必须满足一定的关系。

首先，两个被测信号频率与扫描信号频率之间应该是成整数比的关系，也就是要求"同步"。这一点与单线示波器的原理是相同的，区别在于被测信号是两个，而扫描电压是一个。在实际应用中，需要观察和比较的两个信号常常是互相有内在联系的，所以上述的同步要求一般是容易满足的。

为了使荧光屏上显示的两个被测信号波形都稳定，除满足上述要求外，还必须合理地选择电子开关的转换频率，使得在示波器上所显示的波形个数合适，以便于观察。电子开关的工作方式有"交替"转换和"断续"转换两种，与电子开关的转换频率有关。

采用交替转换工作方式显示的波形与双线示波法所显示的波形非常相似，它们都没有间断点。但由于被测信号 U_A、U_B 的波形是依次交替地出现在荧光屏上的，所以，如果交替的间隙时间超过了人眼的视觉暂留时间和荧光屏的余辉时间，则人们所看到的荧光屏上的波形就会有闪烁现象。为了避免这种情况的出现，就要求电子开关有足够高的转换频率。这就是说当被测信号的频率较低时，不宜采用交替转换工作方式，而应采用断续转换工作方式。当电子开关用断续转换工作方式时，在 X 轴扫描的每一个过程中，电子开关都以足够高的转换频率，分别对所显示的每个被测信号进行多次取样。这样，即使被测信号频率较低，也可避免出现波形的闪烁现象。

双踪示波器主要由两个通道的 Y 轴前置放大电路、门控电路、电子开关、混合电路、延迟电路、Y 轴后置放大电路、触发电路、扫描电路、X 轴放大电路、Z 轴放大电路、校准信号电路、示波管和高低压电源供给电路等组成。

当显示方式开关置于交替位置时，电子开关为一双稳态电路。它受由扫描电路来的闸门信号控制，使得 Y 轴两个前置通道随着扫描电路门信号的变化而交替地工作。每秒钟交替转换次数与扫描电路产生的扫描信号的频率有关。交替工作状态适用于观察频率不太低的被测信号。

为了观察被测信号随时间变化的波形，示波管的水平偏转板上必须加线性扫描电压（锯齿波电压），这个扫描电压是由扫描电路产生的。当触发信号加到触发电路时，触发了扫描电路，扫描电路就产生相应的扫描信号；当不加触发信号时，扫描电路就不产生扫描信号。触发有内触发、外触发两种，由触发选择开关来选择。当该开关置于"内"的位置时，触发信号来自经 Y 轴通道送入的被测信号。当该开关置于"外"的位置时，触发信号是由外部送入，这个信号应与被测信号的频率成整数比的关系。示波器在使用中，多数采用内触发工作方式。

高、低压电源供给电路中的低压作为示波器各级所需低压电源，高压供给示波管显示系统使用。

4. 模拟示波器的使用方法

模拟示波器虽然分成好几类，各类又有许多种型号，但是一般的示波器除频带宽度、输入灵敏度等不完全相同外，在使用方法的基本方面都是相同的。

（1）控制面板。

模拟示波器面板如图 4-27 所示，按控件的位置和功能划分为 3 大部分，即显示控件部分、垂直（Y 轴）控件部分、水平（X 轴）控件部分。

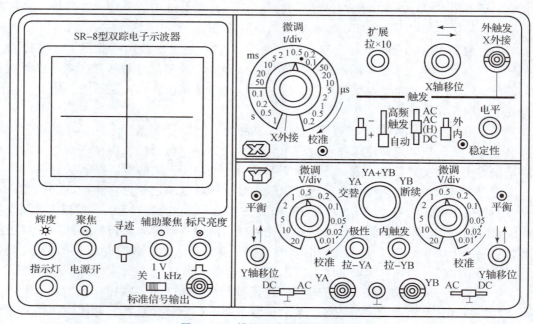

图 4-27　模拟示波器的操作面板

①显示控件部分。

（a）电源开关。

（b）电源指示灯。

（c）辉度旋钮：调整光点亮度。

（d）聚焦旋钮：调整光点或波形清晰度。

（e）辅助聚焦旋钮：配合"聚焦"旋钮调节清晰度。

（f）标尺亮度旋钮：调节坐标片上刻度线亮度。

（g）寻迹按键：当该按键向下按时，使偏离荧光屏的光点回到显示区域，从而寻到光点位置。

（h）标准信号输出接口：1 kHz、1 V 方波校准信号由此引出。加到 Y 轴输入端，用以校准 Y 轴输入灵敏度和 X 轴扫描速度。

②Y 轴控件部分。

（a）显示方式选择开关：用以转换两个 Y 轴前置放大器 YA 与 YB 的工作状态，具有以下五种不同作用的显示方式。

"交替"：当显示方式选择开关置于"交替"时，电子开关受扫描信号控制而进行转换，每次扫描都轮流接通 YA 或 YB 信号。当被测信号的频率越高，扫描信号频率也越高。电子开关转换速率也越快，不会有闪烁现象。这种工作状态适用于观察两个工作频率较高的信号。

"断续"：当显示方式选择开关置于"断续"时，电子开关不受扫描信号控制，产生频率固定为 200 kHz 的方波信号，使电子开关快速交替地接通 YA 和 YB 信号。由于开关动作频率高于被测信号频率，因此屏幕上显示的两个通道信号波形是断续的。当被测信号频率较高时，断续现象十分明显，甚至无法观测；当被测信号频率较低时，断续现象被掩盖。因此，这种工作状态适合观察两个工作频率较低的信号。

"YA"或"YB"：当显示方式选择开关置于"YA"或者"YB"时，表示示波器处于单通道工作，此时示波器的工作方式相当于单踪示波器，即只能单独显示"YA"或"YB"通道的信号波形。

"YA + YB"：当显示方式选择开关置于"YA + YB"时，电子开关不工作，YA 与 YB 两路信号均通过放大器和门电路，示波器将显示出两路信号叠加的波形。

（b）"DC – 接地 – AC" Y 轴输入选择开关：用以选择被测信号接至输入端的耦合方式。置于"DC"位置时，实现直流耦合，能输入含有直流分量的交流信号；置于"AC"位置时，实现交流耦合，只能输入交流分量；置于"⊥"位置时，Y 轴输入端接地，这时显示的时基线一般用来作为测试直流电压零电平的参考基准线。

（c）"微调 V/div"灵敏度选择开关及微调装置：灵敏度选择开关为套轴结构，黑色旋钮是 Y 轴灵敏度粗调装置，从 10 mV/div ~ 20 V/div 分 11 挡。红色旋钮为细调装置，顺时针方向增加到满度时为校准位置，可按粗调旋钮所指示的数值，读取被测信号的幅度。当此旋钮反时针转到满度时，其变化范围应大于 2.5 倍，连续调节"微调"电位器，可实现各挡级之间的灵敏度覆盖。在做定量测量时，此旋钮应置于顺时针满度的"校准"位置。

（d）"平衡"：当 Y 轴放大器输入电路出现不平衡时，显示的光点或波形就会随"V/div"开关的"微调"旋转而出现 Y 轴方向的位移，调节"平衡"电位器能将这种位移减至最小。

（e）"↑↓"：Y 轴位移电位器，用以调节波形的垂直位置。

（f）"极性、拉 – YA"：YA 通道的极性转换按拉式开关。拉出时 YA 通道信号倒相显示，即显示方式为（YA + YB）时，显示图像为 YB – YA。

（g）"内触发、拉 – YB"：触发源选择开关。在按的位置上（常态）扫描触发信号分别取自 YA 及 YB 通道的输入信号，适应于单踪或双踪显示，但不能对双踪波形做时间比较。当把开关拉出时，扫描的触发信号只取自于 YB 通道的输入信号，因而它适合双踪显示时对比两个波形的时间和相位差。

（h）Y 轴输入插座：采用 BNC 型插座，被测信号由此直接或经探头输入。

③X 轴控件部分。

（a）"t/div"扫描速度选择开关及微调旋钮：X 轴的光点移动速度由其决定，从 0.2 μs ~ 1 s 共分 21 挡级。当该开关"微调"电位器顺时针方向旋转到底并接上开关后，即为"校准"位置，此时"t/div"的指示值，即为扫描速度的实际值。

（b）"扩展、拉 × 10"扫描速度扩展装置：为按拉式开关，按的状态做正常使用，拉的位置则扫描速度增加 10 倍。"t/div"的指示值，也应相应计取。采用"扩展、拉 × 10"适于观察波形细节。

（c）"⇆" X 轴位置调节旋钮：X 轴光迹的水平位置调节电位器，为套轴结构。外圈旋钮为粗调装置，顺时针方向旋转使基线右移，反时针方向旋转则使基线左移。置于套轴上的小旋钮为细调装置，适用于经扩展后信号的调节。

（d）"外触发、X 外接"插座：采用 BNC 型插座。在使用"外触发"时，作为连接外触发信号的插座。也可作为 X 轴放大器外接时的信号输入插座。其输入阻抗约为 1 MΩ。外接使用时，输入信号的峰值应小于 12 V。

（e）"触发电平"旋钮：用于选择输入信号波形的触发点。具体地说，就是调节开始扫描的时间，决定扫描在触发信号波形的哪一点上被触发。顺时针方向旋动时，触发点趋向信号波形的正向部分，逆时针方向旋动时，触发点趋向信号波形的负向部分。

（f）"触发稳定性"微调旋钮：用以改变扫描电路的工作状态，一般应处于待触发状态。调整方法是将 Y 轴输入耦合方式选择（AC – 接地 – DC）开关置于地挡，将"V/div"开关置于最高灵敏度的挡级，在电平旋钮调离自激状态的情况下，用小螺丝刀将"稳定性"电位器顺时针方向旋到底，则扫描电路产生自激扫描，此时屏幕上出现扫描线；然后逆时针方向慢慢旋动，使扫描线刚消失，此时扫描电路即处于待触发状态。在这种状态下，用示波器进行测量时，只要调节"电平"旋钮，即能在屏幕上获得稳定的波形，并能随意调节并选择屏幕上波形的起始点位置。少数示波器，当"稳定性"电位器逆时针方向旋到底时，屏幕上出现扫描线；然后顺时针方向慢慢旋动，使屏幕上扫描线刚消失，此时扫描电路即处于待触发状态。

（g）"内、外"触发源选择开关：置于"内"位置时，扫描触发信号取自 Y 轴通道的被测信号；置于"外"位置时，扫描触发信号取自"外触发 X 外接"输入端引入的外触发信号。

（h）"AC""AC（H）""DC"触发耦合方式开关："DC"挡是直流耦合状态，适用于变化缓慢或频率甚低（如低于 100 Hz）的触发信号。"AC"挡是交流耦合状态，由于隔断了触发中的直流分量，因此触发性能不受直流分量影响。"AC（H）"挡是低频抑制的交流耦合状态，在观察包含低频分量的高频复合波时，触发信号通过高通滤波器进行耦合，抑制了低频噪声和低频触发信号（2 MHz 以下的低频分量），免除了因误触发而造成的波形晃动。

（i）"高频、触发、自动"触发方式开关：用以选择不同的触发方式，以适应不同的被测信号与测试目的。"高频"挡，频率甚高时（如高于 5 MHz），且无足够的幅度使触发稳定时，选择该挡。此时扫描处于高频触发状态，由示波器自身产生的高频信号（200 kHz 信号）对被测信号进行同步，不必经常调整"电平"旋钮，屏幕上即能显示稳定的波形，操作方便，有利于观察高频信号波形。"触发"挡采用来自 Y 轴或外接触发源的输入信号进行触发扫描，是常用的触发扫描方式。"自动"挡扫描处于自动状态（与高频触发方式相仿），即不必调整"电平"旋钮，也能观察到稳定的波形，操作方便，有利于观察较低频率的信号。

（j）"+、–"触发极性开关：在"+"位置时选用触发信号的上升部分，在"–"位置时选用触发信号的下降部分对扫描电路进行触发。

（2）使用步骤。

用示波器能观察各种不同电信号幅度随时间变化的波形曲线，在这个基础上示波器可以应用于测量电压、时间、频率、相位差和调幅度等电参数。用示波器观察电信号波形的使用步骤如下。

①选择 Y 轴耦合方式。

根据被测信号频率的高低，将 Y 轴输入耦合方式选择"AC – 接地 – DC"开关置于"AC"或"DC"。

②选择 Y 轴灵敏度。

根据被测信号的大约峰 – 峰值（如果采用衰减探头，应除以衰减倍数；在耦合方式取"DC"挡时，还要考虑叠加的直流电压值），将 Y 轴灵敏度选择 V/div 开关（或 Y 轴衰减开关）置于适当挡级。实际使用中如不需读测电压值，则可适当调节 Y 轴灵敏度微调（或 Y 轴增益）旋钮，使屏幕上显现所需要高度的波形。

③选择触发（或同步）信号来源与极性。

通常将触发（或同步）信号极性开关置于"＋"或"－"挡。

④选择扫描速度。

根据被测信号周期（或频率）的大约值，将 X 轴扫描速度 t/div（或扫描范围）开关置于适当挡级。实际使用中如不需读测时间值，则可适当调节扫描速度 t/div 微调（或扫描微调）旋钮，使屏幕上显示测试所需周期数的波形。如果需要观察的是信号的边沿部分，则扫描速度 t/div 开关应置于最快扫速挡。

⑤输入被测信号。

被测信号由探头衰减后（或由同轴电缆不衰减直接输入，但此时的输入阻抗降低、输入电容增大），通过 Y 轴输入端输入示波器。

5. 模拟示波器使用前的检查

示波器初次使用前或久藏复用时，有必要进行一次能否工作的简单检查和进行扫描电路稳定度、垂直放大电路直流平衡的调整。示波器在进行电压和时间的定量测试时，还必须进行垂直放大电路增益和水平扫描速度的校准。示波器能否正常工作的检查方法、垂直放大电路增益和水平扫描速度的校准方法，由于各种型号示波器的校准信号的幅度、频率等参数不一样，因而检查、校准方法略有差异。

6. 模拟示波器使用中的常见问题

（1）没有光点或波形。

①电源未接通。

②"辉度"旋钮未调节好。

③ X、Y 轴移位旋钮位置调偏。

④ Y 轴平衡电位器调整不当，造成直流放大电路严重失衡。

（2）水平方向展不开。

①触发源选择开关置于"外"挡，且无外触发信号输入，则无锯齿波产生。

②"电平"旋钮调节不当。

③"稳定性"电位器没有调整在使扫描电路处于待触发的临界状态。

④ X 轴选择开关误置于"X 外接"位置，且外接插座上又无信号输入。

⑤双踪示波器如果只使用 A 通道（B 通道无输入信号），而内触发开关置于"拉 – YB"位置，则无锯齿波产生。

（3）垂直方向无展示。

①输入耦合方式 DC－接地－AC 开关误置于接地位置。

②输入端的高、低电位端与被测电路的高、低电位端接反。

③输入信号较小，而 V/div 开关误置于低灵敏度挡。

（4）波形不稳定。

①"稳定性"电位器顺时针旋转过度，致使扫描电路处于自激扫描状态（未处于待触发的临界状态）。

②触发耦合方式 AC、AC（H）、DC 开关未能按照不同触发信号频率正确选择相应挡级。

③选择高频触发状态时，触发源选择开关误置于"外"挡（应置于"内"挡。）

④部分示波器扫描处于"自动"挡（连续扫描）时，波形不稳定。

（5）垂直方向的电压读数不准。

①未进行垂直方向的偏转灵敏度（V/div）校准。

②进行 V/div 校准时，V/div 微调旋钮未置于"校准"位置（即顺时针方向未旋足）。

③进行测试时，V/div 微调旋钮调离了"校准"位置（即调离了顺时针方向旋足的位置）。

④使用 10：1 衰减探头，计算电压时未乘以 10 倍。

⑤被测信号频率超过示波器的最高使用频率，示波器读数比实际值偏小。

⑥测得的是峰－峰值，正弦有效值需换算求得。

（6）水平方向的读数不准。

①未进行水平方向的偏转灵敏度（t/div）校准。

②进行 t/div 校准时，t/div 微调旋钮未置于"校准"位置（即顺时针方向未旋足）。

③进行测试时，t/div 微调旋钮调离了"校准"位置（即调离了顺时针方向旋足的位置）。

④扫速扩展开关置于"拉×10"位置时，测试后未按 t/div 开关指示值提高灵敏度 10 倍进行计算。

（7）交直流叠加信号的直流电压值分辨不清。

①Y 轴输入耦合方式选择 DC－接地－AC 开关误置于"AC"挡（应置于"DC"挡）。

②测试前未将 DC－接地－AC 开关置于接地挡进行直流电平参考点校正。

③Y 轴"平衡"电位器未调整好。

（8）测不出两个信号间的相位差。

①双踪示波器误把内触发（拉－YB）开关置于按（常态）位置，应把该开关置于"拉－YB"位置。

②双踪示波器没有正确选择显示方式开关的"交替"和"断续"挡。

③单线示波器触发选择开关误置于"内"挡。

④单线示波器触发选择开关虽置于"外"挡，但两次外触发未采用同一信号。

（9）波形调不到要求的起始时间和部位。

①"稳定性"电位器未调整在待触发的临界触发点上。

②触发极性（＋、－）与触发电平（＋、－）配合不当。

③触发方式开关误置于"自动"挡（应置于"常态"挡）。

7. 数字示波器的使用方法

数字示波器是一种常见的电子测试设备，它能将电信号转换成波形信号进行显示和分析，广泛应用于电子工程、通信、自动化、航空航天等领域。

数字示波器是利用模/数转换器将电信号转换成数字信号，并通过处理器进行数据处理和存储，最终通过显示器将波形信号显示出来。数字示波器的主要部分包括输入端口、模/数转换器、处理器和显示器等，操作面板如图 4－28 所示。

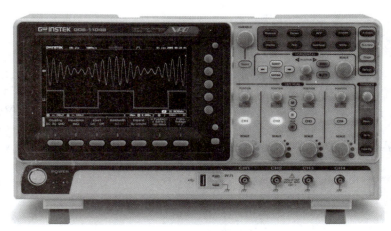

图 4－28　数字示波器的操作面板

（1）接线。

首先需要将待测电路的信号输入数字示波器的输入端口，可以使用探针或者夹子等工具进行连接。连接前需要确认电路的工作电压和频率等参数，选择合适的输入端口和输入模式。

（2）设置。

接线完成后，需要进行示波器的设置，包括触发模式、触发电平、采样率、时间基准等。触发模式包括自动触发和单次触发等，触发电平用于设置触发波形的电平位置，采样率用于设置采样的速度，时间基准用于设置时间轴的基准刻度。

（3）观测。

设置完成后，就可以观测波形信号了。数字示波器可以显示多个信号，通过选择不同的通道和触发条件可以观测不同的波形信号。观测过程中可以进行缩放、平移、标记等操作，方便进行信号分析和比较。

（4）保存数据。

如果需要保存数据，可以通过示波器的存储功能将波形信号存储到示波器内部的存储器中，也可以通过示波器的输出端口将波形信号输出到外部设备进行存储和分析。

8. 数字示波器使用中的注意事项

（1）接线前需要确认电路的工作电压和频率等参数，选择合适的输入端口和输入模式，避免损坏示波器。

（2）触发电平需要根据电路信号的特点进行设置，避免无法触发或者触发不稳定等情况。

（3）采样率需要根据信号频率进行设置，过低的采样率会导致失真和误差，过高的采样率会增加示波器的复杂度和成本。

（4）观测过程中需要注意波形的稳定性和准确性，可以通过调整触发条件和采样率来保证波形的清晰度和稳定性。

（5）保存数据时需要确认存储器容量和存储格式，避免数据丢失或者格式不兼容等情况。

（6）使用数字示波器时需要注意安全，避免接触高电压或者高频信号，以及避免电路短路或者过载等情况。

（三）信号发生器的分类与使用

信号发生器又称信号源或振荡器，是一种产生所需参数的电测试信号仪器，在生产实践和科技领域中有着广泛的应用。按信号波形可将信号发生器分为正弦信号发生器、函数（波形）发生器、脉冲信号发生器和随机信号发生器四大类。能够产生多种波形（三角波、锯齿波、矩形波、方波、正弦波）的信号发生器称为函数信号发生器。

信号发生器是用来产生振荡信号的一种仪器，为使用者提供稳定、可信的参考信号，并且信号的特征参数完全可控。所谓可控信号特征参数，主要指输出信号的频率、幅度、波形、占空比、调制形式等，都可以人为地控制设定。随着科技的发展，实际应用到的信号形式越来越多，越来越复杂，频率也越来越高，所以信号发生器的种类也越来越多，同时信号发生器的电路结构形式也不断向着智能化、软件化、可编程化方向发展。

1. 信号发生器的用途

信号发生器所产生的信号在电路中常常被用来代替前端电路的实际信号，以为后端电路提供一个理想信号。由于信号源信号的特征参数均可人为设定，所以可以方便地模拟各种情况下不同特性的信号，这对于产品研发和电路实验特别有用。在电路测试中，我们可以通过测量、对比输入和输出信号，来判断信号处理电路的功能和特性是否达到设计要求。例如，用信号发生器产生一个频率为 1 kHz 的正弦波信号，输入到一个被测的信号处理电路（功能为正弦波输入、方波输出），在被测电路输出端可以检验是否有符合设计要求的方波输出。高精度的信号发生器在计量和校准领域也可以作为标准信号源（参考源），待校准仪器以参考源为标准进行调校。由此可见，信号发生器可广泛应用在研发、维修、测量、校准等领域。

2. 信号发生器的分类

（1）正弦信号发生器。

正弦信号主要用于测量电路和系统的频率特性、非线性失真、增益及灵敏度等。按频率覆盖范围分为低频信号发生器、高频信号发生器和微波信号发生器；按输出电平可调节范围和稳定度可分为简易信号发生器（即信号源）、标准信号发生器（输出功率能准确地衰减到 −100 dBmW 以下）和功率信号发生器（输出功率达数十毫瓦以上）；按频率改变的方式可分为调谐式信号发生器、扫频式信号发生器、程控式信号发生器和频率合成式信号发生器等。

①低频信号发生器。

低频信号发生器是指能产生音频（20～20 000 Hz）和视频（1 Hz～10 MHz）范围内信号的正弦波发生器。主振级一般用 RC 振荡器，也可用差频振荡器。为便于测试系统的频率特性，要求输出幅频特性平稳和波形失真小。

②高频信号发生器。

高频信号发生器是指能产生频率为 100 kHz～30 MHz 的高频、30～300 MHz 的甚高频信号的发生器。一般采用 LC 调谐式振荡器，频率可由调谐电容器的度盘刻度读出。其主要用途是测量各种接收机的技术指标。输出信号可用内部或外加的低频正弦信号调幅或调频，使输出载频电压能够衰减到 1 mV 以下。输出信号电平能准确读数，所加的调幅度或频偏也能用电表读出。此外，该仪器还有防止信号泄漏的良好屏蔽作用。

③微波信号发生器。

微波信号发生器是指能产生从分米波到毫米波波段信号的发生器。信号通常由带分布参数谐振腔的超高频三极管和反射速调管产生，但有逐渐被微波晶体管、场效应管和耿氏二极管等固体器件取代的趋势。该仪器一般靠机械调谐腔体来改变频率，每台可覆盖一个倍频程左右，由腔体耦合出的信号功率一般可达 10 mV 以上。简易信号源只要求能加 1 000 Hz 方波调幅，而标准信号发生器则能将输出基准电平调节到 1 mW，再从后随衰减器读出信号电平的分贝毫瓦值；还必须有内部或外加矩形脉冲调幅，以便测试雷达等接收机。

④扫频和程控信号发生器。

扫频信号发生器能够产生幅度恒定、频率在限定范围内做线性变化的信号。在高频和甚高频段用低频扫描电压或电流控制振荡回路元件（如变容管或磁芯线圈）来实现扫频振荡。在微波段早期采用电压调谐扫频，用改变返波管螺旋线电极的直流电压来改变振荡频率；后来广泛采用磁调谐扫频，以铁氧体小球作微波固体振荡器的调谐回路，用扫描电流控制直流磁场来改变小球的谐振频率。扫频信号发生器有自动扫频、手控、程控和远控等工作方式。

⑤频率合成式信号发生器。

这种发生器的信号不是由振荡器直接产生，而是以高稳定度石英振荡器作为标准频率源，利用频率合成技术形成所需之任意频率的信号，具有与标准频率源相同的频率准确度和稳定度。输出信号频率通常可按十进位数字选择，具有最高能达 11 位数字的极高分辨力。频率除用手动选择外还可程控和远控，也可进行步级式扫频，适用于自动测试系统。直接式频率合成器由晶体振荡、加法、乘法、滤波和放大等电路组成，变换频率迅速但电路复杂，最高输出频率只能达 1 000 MHz 左右；用得较多的间接式频率合成器是利用标准频率源通过锁相环控制电调谐振荡器（在环路中能同时实现倍频、分频和混频功能），使之产生并输出各种所需频率的信号。这种合成器的最高频率可达 26.5 GHz。高稳定度和高分辨力的频率合成器，配上多种调制功能（调幅、调频和调相），加上放大、稳幅和衰减等电路，便构成一种新型的高性能、可程控的合成式信号发生器，还可作为锁相式扫频发生器。

（2）函数发生器。

函数发生器又称波形发生器，它能产生某些特定的周期性时间函数波形（主要是正弦波、方波、三角波、锯齿波和脉冲波等）信号。频率范围可从几毫赫甚至几微赫的超低频到几十兆赫。除供通信、仪表和自动控制系统测试用外，还广泛用于其他非电测量领域。

产生上述波形的一种方法是将积分电路与某种带有回滞特性的阈值开关电路（如施密特触发器）连接成环路，积分器能将方波积分成三角波。施密特电路又能使三角波上升到某一阈值或下降到另一阈值时发生跃变而形成方波，频率除了能随积分器中 RC 值的变化而改变外，还能用外加电压控制两个阈值的改变。将三角波另行加到由很多不同偏置二极管组成的整形网络，形成许多不同斜度的折线段，便可形成正弦波；另一种构成方法是用频率合成器产生正弦波，再对它多次放大、削波而形成方波，再将方波积分成三角波和正、负斜率的锯齿波等。对这些函数发生器的频率都可电控、程控、锁定和扫频，仪器除工作于连续波状态外，还能按键控、门控或触发等方式工作。函数发生器是一种综合多种波形信号、波形参数和频率范围可调的信号发生装置，通常依据 JJG840—2015《函数发生器检定规程》开展检测工作。

（3）脉冲信号发生器。

脉冲信号发生器是指能产生宽度、幅度和重复频率可调的矩形脉冲的发生器，可用以测试线性系统的瞬态响应，或用模拟信号来测试雷达、多路通信和其他脉冲数字系统的性能。脉冲信号发生器主要由主控振荡器、延时级、脉冲形成级、输出级和衰减器等组成。主控振荡器通常为多谐振荡器之类的电路，除能自激振荡外，主要按触发方式工作。通常在外加触发信号之后首先输出一个前置触发脉冲，以便提前触发示波器等观测仪器，然后再经过一段可调节的延迟时间才输出主信号脉冲，其宽度可以调节。有的脉冲信号发生器能输出成对的主脉冲，有的能分两路分别输出不同延迟的主脉冲。

（4）随机信号发生器。

随机信号发生器分为噪声信号发生器和伪随机信号发生器两类。

①噪声信号发生器。

完全随机性信号是在工作频带内具有均匀频谱的白噪声。常用的白噪声发生器主要有：工作于 1 000 MHz 以下同轴线系统的饱和二极管式白噪声发生器；用于微波波导系统的气体放电管式白噪声发生器；利用晶体二极管反向电流中噪声的固态噪声源（可工作在 18 GHz 以下整个频段内）等。噪声信号发生器输出的强度必须已知，通常用其输出噪声功率超过电阻热噪声的分贝数（称为超噪比）或用其噪声温度来表示。噪声信号发生器的主要用途包括：

（a）在待测系统中引入一个随机信号，以模拟实际工作条件中的噪声，从而测定系统的性能。

（b）外加一个已知噪声信号与系统内部噪声相比较以测定噪声系数。

（c）用随机信号代替正弦或脉冲信号，以测试系统的动态特性。例如，用白噪声作为输入信号测出网络输出信号与输入信号的互相关函数，便可得到这一网络的冲激响应函数。

②伪随机信号发生器。

用白噪声信号进行相关函数测量时，若平均测量时间不够长，则会出现统计性误差，这可用伪随机信号来解决。当二进制编码信号的脉冲宽度 T 足够小，且一个码周期所含 T 数 N 很大时，则在低于 $f_b = 1/T$ 的频带内信号频谱的幅度均匀，称为伪随机信号。只要所取的测量时间等于这种编码信号周期的整数倍，便不会引入统计性误差。二进码信号还能提供相关测量中所需的时间延迟。伪随机编码信号发生器由带有反馈环路的 n 级移位寄存器组成，所产生的码长为 $N = 2^n - 1$。

3. 信号发生器的使用

（1）低频信号发生器的使用。

XD1B 低频信号发生器的操作面板如图 4-29 所示，操作键的功能如表 4-2 所示。

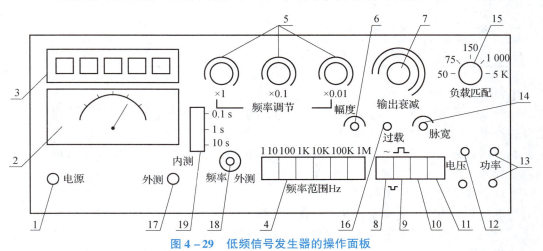

图 4-29　低频信号发生器的操作面板

表 4-2　操作键功能说明

标号	操作键功能
1	电源开关
2	电压表表头
3	五位显示数字频率计
4	频率范围按键选择开关
5	十进制频率调节
6	输出幅度调节电位器
7	输出步进衰减器
8	正弦与脉冲波形选择
9	脉冲输出时正脉冲与负脉冲选择
10	功率输出控制（按下有输出）
11	功率输出内负载接入控制（按下有接入）
12	电压输出端
13	功率输出端
14	正负脉冲占空比调节
15	负载匹配选择开关
16	过载指示

续表

标号	操作键功能
17	频率计"内测""外测"选择
18	频率计外测输入插口
19	频率计闸门时间选择开关

①频率设置。

信号发生器输出信号的频率（正弦波与脉冲波）均由面板上的按键开关及其上方的波段开关设置，按键开关用来选择频率范围。波段开关按十进制原则确定具体的频率值。从左至右分别为×1、×0.1、×0.01。可连续进行频率微调，为得到更加准确的频率，可参看数字频率计在"内测"时的实际读数。

②衰减器的使用及输出阻抗。

为得到不同的输出幅度，可以配合调节"幅度"电位器和"输出衰减"波段开关。除后面的"TTL 输出"插座上的输出信号外，从面板输出的正弦波或脉冲信号幅度均由这两个衰减旋钮控制。其中"幅度"调节是连续的，"输出衰减"是步进衰减的。但应注意其中电压输出级输出衰减与功率级输出衰减是同轴调节，但电压输出级衰减要差 10 dB，即第一个 10 dB 对电压输出级不衰减。

从电压输出端看进去的输出阻抗是不固定的，它随"幅度"和"输出衰减"两个旋钮的位置不同而改变，但输出阻抗都比较低，特别是在"输出衰减"波段开关位于较大衰减位置时，输出电阻只有几欧姆。使用时应特别注意不能从被测设备端有任何信号电流倒入该仪器的输出端，以防把步进衰减器或其他部分烧毁。

从"功率输出"端看进去的输出阻抗，在"输出衰减"为 0 dB 时，为低阻输出。其值远小于"负载匹配"旋钮所指示的值。在"输出衰减"的其余位置，输出阻抗等于"负载匹配"所指示的值。

③电压输出与功率输出。

电压输出的正弦波最大额定电压为 5 V_{rms}，它有较好的失真系数和幅度稳定性，主要用于不需功率的小信号场合。电压输出的正脉冲和负脉冲幅度最大，均大于 3.5 V_{PP}。功率输出是将电压输出信号经功率放大器放大后的信号输出，主要用于需要一定功率输出的场合。有正弦波输出时需根据被测对象通过"负载匹配"开关适当选取五种不同的匹配值，以求获得合理的电压、电流值。

当只需电压输出时，应把功放按键抬起，以防毁坏功率放大器；当需要使用功率输出时，请先把"幅度"电位器逆时针旋到底，将面板右下方的"功放"键按下，然后调节"幅度"电位器至功率输出达到所需的电压值。当正弦波输出时的负载为高阻抗时，为避免功放因电抗负载成分过大的影响，应把"内负载"按键按下（尤其在频率较高时）。其余两个按键开关是波形选择开关。当需要选择脉冲输出时，左边第一个按键下面通过第二个按键可选择正脉冲或负脉冲输出。这时其上面的"脉宽"调节旋钮可用于改变输出方波的占空比。在这里值得注意的是，当用功率输出脉冲信号时，由于功率放大器的倒相作用，其输出脉冲与所选脉冲相位正好相反，即当通过选择正极性时，功率输出为负脉冲，选择负极性时，功率输出为正脉冲。而电压输出的脉冲极性则与按键所选相同。

对正弦波信号而言，"功率输出"端子可有平衡和不平衡两种状态。若把接地片与"电压输出"的地线端相连，则为不平衡输出，不连接时在"功率输出"的两个端子之间为平衡输出。功率输出过载时，过载灯亮，同时机内发出报警声，应及时排除。

④频率计与电压表。

面板左上角的数码管显示了机内频率的读数。该频率计可"内测"和"外测"。当置"内测"时，频率计显示机内振荡频率；当置"外测"时，频率计的输入信号从"频率外测"插口输入，为适应不同频率的测试需要，可适当改变"闸门时间"旋钮的位置。

数码管下方的表头指示的是机内电压表的读数，机内电压表只用于机内"电压输出"正弦波测量，它显示出机内正弦波振荡经"幅度"调节衰减后的正弦波信号的有效值，而"输出衰减"的步进衰减对它不起作用。因此，实际"电压输出"端子上正弦波信号的大小等于机内电压表指示值再考虑"输出衰减"的衰减分贝数后计算出的数值。

（2）函数发生器的使用。

SFG-1203 函数发生器采用 6 位 LED 数字显示的用户界面，既可显示输出频率也可显示输出电压，提供正弦小波、方波和三角波等波形，操作面板如图 4-30 所示。

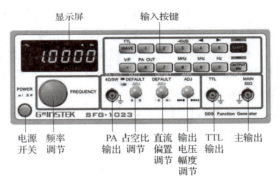

图 4-30 函数发生器的操作面板

①将电源线接入 220 V、50 Hz 交流电源上。应注意三芯电源插座的地线脚应与大地妥善接好，避免干扰。

②开机前应把面板上各输出旋扭旋至最小。

③为了得到足够的频率稳定度，需预热。

④频率调节：按下相应的按键，然后再调节至所需要的频率。

⑤波形转换：根据需要的波形种类，按下相应的波形键位。波形选择键有：正弦波、矩形波、尖脉冲、TTL 电平。

⑥幅度调节：正弦波与脉冲波幅度分别由正弦波幅度和脉冲波幅度调节旋钮调节。

4. 信号发生器的应用

（1）用信号发生器产生正弦信号。

选择"~"键，输出信号即为正弦波信号，选择"kHz"键，输出信号频率以 kHz 为单位。必须说明的是：信号发生器测频电路的调节，按键和旋钮要求缓慢调节。信号发生器本身能显示输出信号的值，当输出电压不符合要求时，需要另配交流毫伏表测量输出电压，选择不同的衰减再配合输出正弦信号的幅度调节，直到输出电压达到要求。若要观察输出信号波形，可把信号输入示波器。

（2）用信号发生器测量电路的灵敏度。

信号发生器发出与电路相同模式的信号，然后逐渐减小输出信号的幅度（强度），同时监测输出信号电平。当电路输出的有效信号与噪声的比例劣化到一定程度时（一般灵敏度测试信噪比标准 $S/N = 12$ dB），信号发生器输出的电平数值就等于所测电路的灵敏度。在此测试中，信号发生器模拟了信号源，而且模拟的信号强度是可以人为控制调节的。

用信号发生器测量电路的灵敏度，其标准的连接方法是：信号发生器信号输出通过电缆接到对应电路输入端，电路输出端连接示波器输入端。

（3）用信号发生器测量电路的通道故障。

信号发生器可以用来查找通道故障。其基本原理是：由前级往后级，逐一测试接收通路中每一级放大器和滤波器，找出哪一级放大电路没有达到设计应有的放大量或者哪一级滤波电路衰减过大，信号发生器在此扮演的是标准信号源的角色。信号源在输入端输入一个已知幅度的信号，然后通过电压表或示波器，从输入端口逐级测量增益情况，找出增益异常的单元，再进一步细查，最后确诊存在故障的位置。信号发生器可以用来调测滤波器。调测滤波器的理想仪器是网络分析仪和扫频仪，其主要功能部件之一就是信号发生器。在没有这些高级仪器的情况下，信号发生器配合高频电压测量工具，如超高频毫伏表、频率足够高的示波器、测量接收机等，也能勉强调试滤波器，其基本原理是测量滤波器带通频段内外对信号的衰减情况，信号发生器在此扮演的是标准信号源的角色，信号发生器产生一个相对比较强的已知频率和幅度信号，从滤波器或者双工器的 INPUT 端输入，测量输出端信号衰减情况。带通滤波器要求带内衰减尽量小，带外衰减尽量大，而陷波器正好相反，陷波频点衰减越大越好。因为普通的信号发生器都是固定单点频率发射的，所以调测滤波器需要采用多个测试点来"统调"。如果有扫频信号源和配套的频谱仪，就能图示化地看到滤波器的全面频率特性，调试起来极为方便。

4.3.2　无线对讲机发射器的制作

根据任务要求，以无线对讲机发射器电路图为基础，合理选用元器件、焊接电路板并加电测试，填写表 4 - 3 所示工作计划。

表 4 - 3　无线对讲机发射器电路制作计划

工作内容 ＼ 时间					
明确任务目标					
学习基础知识					
绘制电路图					
选用元器件					
焊接电路板					
调试电路板					

（一）选用元器件

依据无线对讲机发射器电路原理图，挑选并检测符合要求的元器件以备用，完成表 4 - 4 所示元器件清单。

表 4 - 4　无线对讲机发射器电路元器件清单

序号	名称	标称值/型号	个数
1			
2			
3			
4			
5			
6			
7			
8			
9			
10			
11			
12			
13			
14			
15			

（二）焊接电路板

1. 焊接步骤

一般先焊接低矮、耐热的元件，最后焊接集成电路。焊接步骤如下：

（1）清查元器件的质量，并及时更换不合格的元件。

（2）确定元件的安装方式，由孔距确定，并对照电路图核对电路板。

（3）将元器件弯曲成形，电路中所有电阻（除 R_{12} 外）均采用立式插装，尽量将字符置于易观察的位置，字符应从左到右、从上到下，以便于日后检查，将元件引脚上锡，以便于焊接。

（4）插装。对照电路图对号插装元件，有极性的元件要注意极性，集成电路要注意脚位。

（5）焊接。各焊点加热时间及用锡量要适当，防止虚焊、错焊、短路。其中，耳机插座、三极管等焊接时要快，以免烫坏。

（6）焊后剪去多余引脚，检查所有焊点，并对照电路图仔细检查，确认无误后方可通电。

2. 安装提示

（1）发光二极管应焊在印制电路板反面，对比好高度和孔位再焊接。

（2）由于电路工作频率较高，安装时请尽量紧贴电路板，以免高频衰减而造成对讲距离缩短。

（3）焊接前应先将双联用螺丝上好，并剪去双联拨盘圆周内多余的高出的引脚后再焊接。

（4）J_1 可以用剪下的多余元件引脚代替，TX 的引线用粗软线连接。

（5）为了防止集成电路被烫坏，配备了集成电路插座，22 脚插座由一个 14 脚插座和一个 8 脚插座组成，务必要焊上。

（6）耳机插座上的脚位要插好，否则后盖可能会盖不紧。

（7）按钮开关 K_1 外壳上端的引脚要焊接起来，以保证 VD 的正极与电源负极连通。

3. 实物展示

完成元器件焊接后，无线对讲机发射器电路板实物如图 4 - 31 所示。

图 4 - 31　无线对讲机发射器电路板

（三）调试电路板

首先将一台标准的调频收音机的频率指示调在 100 MHz 左右，然后将被调的发射部分和开关 K_1 按下，并调节 L_1 的松紧度，使标准收音机有哨叫。若没有哨叫则可将距离拉开 0.2~0.5 m，直到有哨叫声为止。最后，再拉开距离对着驻极体讲话，若有失真，则可调整标准收音机的调台旋钮，直到消除失真。还可以调整 L_2 和 L_3 的松紧度，使距离拉得更开，信号更稳定。对讲频率可以自己定，如 88 MHz、98 MHz、108 MHz……这样可以实现保密且相互间不干扰。

> **提示：**
>
> 　　同学们，当我们进行操作时，需要注意安全操作规范，预见可能遇到的各种情况，养成一丝不苟、认真负责的良好风气。

4.4 结果评价

"无线对讲机发射器的分析与制作"任务的考核评价如表4-5所示，包括"职业素养"和"专业能力"两部分。

表4-5 "无线对讲机发射器的分析与制作"任务评价表

评价项目	评价内容	分值	评分		
			自我评价	小组评价	教师评价
职业素养	遵守纪律，服从教师的安排	5			
	具有安全操作意识，能按照安全规范使用各种工具及设备	5			
	具有团队合作意识，注重沟通、自主学习及相互协作	5			
	完成任务设计内容	5			
	学习准备充足、齐全	5			
	文档资料齐全、规范	5			
专业能力	能正确说出所给典型电路的名称和功能	5			
	能说明电路中主要电子元器件的作用	15			
	电路原理图绘制正确无误，布局合理，构图美观	10			
	PCB图绘制正确无误，布局和布线合理并符合要求	5			
	能选择正确的元器件，正确焊接电路，焊点符合要求、美观	10			
	能正确校准、使用测量仪器，正确连接测试电路	10			
	在规定时间完成任务	10			
	电路功能展示成功	5			
合计		100			

4.5 总结提升

4.5.1 测试题目

1. 选择题

（1）放大器能转换为振荡器的原因是（   ）。

A. 有谐振回路   B. 有石英晶体

C. 有 RC 网络器   D. 正反馈

（2）为提高振荡频率的稳定度，高频正弦波振荡器一般选用（   ）。

A. LC 正弦波振荡器   B. 晶体振荡器

C. RC 正弦波振荡器   D. 不确定

（3）根据（   ）可将功放分为甲类、甲乙类、乙类、丙类等。

A. 电路特点   B. 功放管静态工作点选择情况

C. 电流大小   D. 功率放大倍数

（4）欲提高功率放大器的效率，应使放大器的工作状态为（   ）。

A. 甲类   B. 乙类   C. 甲乙类   D. 丙类

（5）欲使丙类功率放大器输出最大功率，应使其工作在（   ）状态。

A. 欠压   B. 临界   C. 过压   D. 偏置

（6）利用丙类谐振功率放大器的集电极调制特性实现振幅调制，功率放大器的工作状态应选（   ）状态。

A. 欠压   B. 临界   C. 过压   D. 偏置

2. 问答题

（1）振荡器与放大器的区别是什么？

（2）小信号谐振放大器与谐振功率放大器的主要区别是什么？

（3）为什么在无线通信中要使用"载波"发射，其作用是什么？

（4）将图 4 – 32 所示调幅超外差式接收机的组成补充完整。

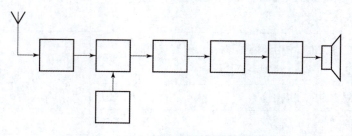

图 4 – 32 调幅超外差式接收机的组成

4.5.2　习题解析

1. 选择题

（1）D　　　（2）B　　　（3）B　　　（4）D　　　（5）B　　（6）C

2. 问答题

（1）振荡器与放大器的区别包括：

①振荡器是产生信号的，采用的是正反馈；放大器是放大信号的，采用的是负反馈。

②振荡器无须外加激励信号；放大器需要外加激励信号。

③振荡器的主要功能是能量转换，将直流电能转换为具有一定频率的交流电能；放大器的主要功能是把输入信号的电压或功率进行放大。

（2）小信号谐振放大器与谐振功率放大器的区别包括：

①小信号谐振放大器的作用是选频和放大，它必须工作在甲类工作状态；而谐振功率放大器为了提高效率，一般工作在丙类状态。

②两种放大器的分析方法不同：前者输入信号小，采用线性高频等效电路分析法，而后者输入信号大，采用折线分析法。

（3）需要传送的信息的频率（称为基带信号）大多比较低，而信号频谱的相对带宽（最高频率/最低频率）比较大。

根据天线理论，为了有效地发射无线电波，天线尺寸应和信号波长成正比，也就是和频率成反比，但这样发射基带信号就算可以不惜高成本地架设大尺寸天线，也很难覆盖巨大的相对带宽，不能把全部频谱发射出去。

而发射高频正弦波虽然可以方便天线的建造，但是它不含有我们要传输的信息，所以用"调制"的方法，把信息装载到高频正弦波上，把它作为运载工具，称之为"载波"。而且中心频率上移几个数量级后，能够使得相对带宽下降几个数量级，解决了天线带宽覆盖问题。

（4）调幅无线通信系统超外差式接收机的组成如图 4-33 所示。

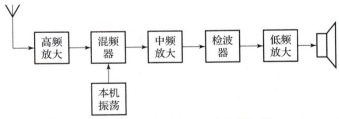

图 4-33　调幅超外差式接收机的组成

参 考 文 献

［1］谢嘉奎. 电子线路（线性部分）［M］. 3 版. 北京：高等教育出版社，1988.

［2］谢嘉奎，宣月清. 电子线路（非线性部分）［M］. 3 版. 北京：高等教育出版社，1988.

［3］胡宴如. 高频电子线路［M］. 北京：高等教育出版社，1999.

［4］董在望. 通信电路原理［M］. 北京：高等教育出版社，2002.

［5］高吉祥. 高频电子线路［M］. 北京：电子工业出版社，2005.

［6］华成英，童诗白. 模拟电子技术基础［M］. 4 版. 北京：高等教育出版社，2006.

［7］［日］市川裕一，青木胜. 高频电路设计与制作［M］. 北京：科学出版社，2006.

［8］罗伟雄. 通信电路与系统［M］. 北京：北京理工大学出版社，2007.

［9］沈琴. 通信电路基础［M］. 2 版. 北京：电子工业出版社，2010.

［10］陈雅琴. 通信电路实验与系统设计［M］. 北京：清华大学出版社，2011.

［11］王建新，刘联会. 通信电路与系统［M］. 北京：北京邮电大学出版社，2014.

［12］张玲丽. 通信电子技术［M］. 北京：电子工业出版社，2014.

［13］孙玥. 通信电子线路［M］. 北京：电子工业出版社，2014.

［14］李卫东. 通信电子电路［M］. 西安：西安电子科技大学出版社，2017.

［15］葛海波. 高频电子通信电路［M］. 西安：西安电子科技大学出版社，2020.